国家中等职业教育改革发展
示范校核心课程系列教材

U0965200

农产品加工实训教程

Nongchanpin Jiagong Shixun Jiaocheng

梁丽新 主编

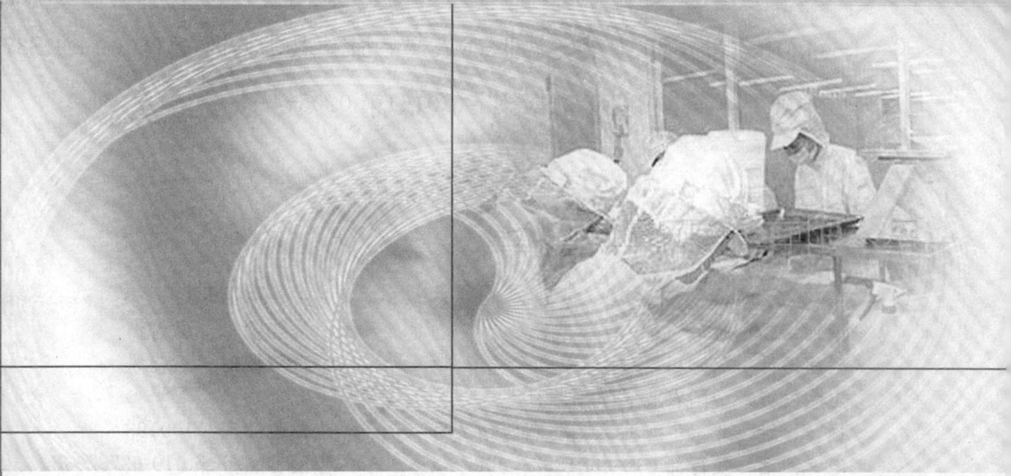

中国农业大学出版社
CHINA AGRICULTURAL UNIVERSITY PRESS

内 容 简 介

本书结合了中职教育教学改革，特别是国家示范学校改革和建设的需求。本教材的主要内容包括：焙烤食品的加工和果蔬的加工制作，重点培养学生的实践操作技能；采用典型案例教学方式，介绍生产加工实例；对生产中常出现的质量问题进行分析，强化学生对实际生产线的了解；同时配有习题加以学习巩固，从而使学生达到从感性认识上升到理性认识的目的。本书具有较强的实用性，可作为中职食品加工专业的辅助教材。

图书在版编目(CIP)数据

农产品加工实训教程/梁丽新主编.—北京：中国农业大学出版社，2016.3(2017.2 重印)

ISBN 978-7-5655-1491-3

Ⅰ.①农…　Ⅱ.①梁…　Ⅲ.①农产品加工-技术培训-教材　Ⅳ.①S37

中国版本图书馆 CIP 数据核字(2016)第 020564 号

书　　名　农产品加工实训教程
作　　者　梁丽新　主编

策划编辑　赵　中　　**责任编辑**　冯雪梅
封面设计　郑　川　　**责任校对**　王晓凤
出版发行　中国农业大学出版社
社　　址　北京市海淀区圆明园西路 2 号　　**邮政编码**　100193
电　　话　发行部 010-62818525，8625　　读者服务部 010-62732336
编辑部 010-62732617，2618　　出　版　部 010-62733440
网　　址　http://www.cau.edu.cn/caup　　**e-mail**　cbsszs@cau.edu.cn
经　　销　新华书店
印　　刷　北京鑫丰华彩印有限公司
版　　次　2016 年 3 月第 1 版　2017 年 2 月第 2 次印刷
规　　格　787×980　16 开本　12.75 印张　235 千字
定　　价　25.00 元

图书如有质量问题本社发行部负责调换

国家中等职业教育改革发展示范校核心课程系列教材建设委员会成员名单

主 任 委 员:赵卫琍

副主任委员:栾　艳　何国新　江风平　关　红　许学义

委　　　员:(按姓名汉语拼音排序)

边占山　陈　禹　韩凤奎　金英华　李　强

梁丽新　刘景海　刘昱红　孙万库　王昆朋

严文岱　要保新　赵志顺

主　编　梁丽新

参　编　董砚博　祝文学　江凤平　赵志顺
　　　　刘海杰　徐　月

序言

职业教育是“以服务发展为宗旨，以促进就业为导向”的教育，中等职业学校开设的课程是为课程学习者构建通向就业的桥梁。无论是课程设置、专业教学计划制定、教材选择和开发，还是教学方案的设计，都要围绕课程学习者将来就业所必需的职业能力形成这一核心目标，从宏观到微观逐级强化。教材是教学活动的基础，是知识和技能的有效载体，它决定了中等职业学校的办学目标和课程特点。因此，教材选择和开发关系着中等职业学校的学生知识、技能和综合素质的形成质量，同时对中等职业学校端正办学方向、提高师资水平、确保教学质量也显得尤为重要。

2015 年国务院颁布的《关于加快发展现代职业教育的决定》提出：“建立专业教学标准和职业标准联动开发机制，推进专业设置、专业课程内容与职业标准相衔接，形成对接紧密、特色鲜明、动态调整的职业教育课程体系”等要求。这对于探索职业教育的规律和特点，推进课程改革和教材建设以及提高教育教学质量，具有重要的指导作用和深远的历史意义。

目前，职业教育课程改革和教材建设从整体上看进展缓慢，特别是在“以促进就业为导向”的办学思想指导下，开发、编写符合学生认知和技能形成规律，体现以应用为主线，符合工作过程系统化逻辑，具有鲜明职教特色的教材等方面还有很大差距。主要是中等职业学校现有部分课程及教材不适应社会对专业技能的需要和学校发展的需求，迫切需要学校自主开发适合学校特点的校本课程，编写具有实用价值的校本教材。

校本教材是学校实施教学改革对教学内容进行研究后开发的教与学的素材，是为了弥补国家规划教材满足不了教学的实际需要而补充的教材。抚顺市农业特产学校经过十多年的改革探索和两年的示范校建设，在课程改革和教材建设上取得了一些成就，特别是示范校建设中的 18 本校本教材现均已结稿付梓，即将与同行和同学们见面交流。

本系列教材力求以职业能力培养为主线，以工作过程为导向、以典型工作任务和生产项目为载体，对接行业企业一线的岗位要求与职业标准，用新知识、新技术、新工艺、新方法，来增强教材的实效性。同时还考虑到学生的起点水平，从学生就业够用、创业适用的角度，使知识点及其难度既与学生当前的文化基础相适应，也更利于学生的能力培养、职业素养形成和职业生涯发展。

本套校本教材的正式出版，是学校不断深化人才培养模式和课程体系改革的结果，更是国家示范校建设的一项重要成果。本套校本教材是我们多年来按农时季节、工作程流、工作程序开展教学活动的一次理性升华，也是借鉴国内外职教经验的一次探索，这里面凝聚了各位编审人员的大量心血与智慧。希望该系列校本教材的出版能够补充国家规划教材，有利于学校课程体系建设和提高教学质量，能为全国农业中职学校的教材建设起到积极的引领和示范作用。当然，本系列校本教材涉及的专业较多，编者对现代职教理念的理解不一，难免存在各种各样的问题，希望得到专家的斧正和同行的指点，以便我们改进。

该系列校本教材的正式出版得到了蒋锦标、刘瑞军、苏允平等职教专家的悉心指导，同时，也得到了中国农业大学出版社以及相关行业企业专家和有关兄弟院校的大力支持，在此一并表示感谢！

教材编写委员会

2015 年 8 月

前言

近年来，为了适应中职学校食品专业人才培养目标和规格要求，按照教材改革下食品专业教学的理论与实践有机结合的原则，本书结合国家示范学校建设的成果，对农产品加工课程的内容进行重新安排，以每种食品生产工艺流程为主线，在每一产品的加工步骤、生产环节等方面进行调整。

本书结合了中职教育教学改革，特别是国家示范学校改革和建设的需求。本教材的主要内容包括：焙烤食品的加工和果蔬的加工制作，重点培养学生的实践操作技能；采用典型案例教学方式，介绍生产加工实例；对生产中常出现的质量问题进行分析，强化学生对实际生产线的了解；同时配有习题加以学习巩固，从而使学生达到从感性认识上升到理性认识的目的。本书具有较强的实用性，可作为中职食品加工专业的辅助教材。

本书在编写过程中参阅了大量的书籍，得到了单位领导和同事极大的支持和帮助，在此一并致谢。

编　者

2015 年 12 月

目录

实训项目一　面包加工综合实训

【知识目标】

学会面包制作的基本工艺流程。包括能掌握原辅料的处理方法并且正确使用各种添加剂，并注意投料顺序。

【能力目标】

能调制出所要求产品的面团；按产品设计要求成型；

掌握好面坯醒发程度；能按产品特点完成烘烤过程。

任务一　面包制作

【知识目标】

掌握面包制作的选料、面团调制、发酵、烘烤。理解使能按用的添加剂的作用。

【能力目标】

能完成面包的制作，能正确评价面包的质量，会使用面包生产的仪器和设备。

一、任务准备

1.材料

面包粉、白砂糖、盐、奶油、鸡蛋、奶粉、酵母、改良剂。

2.仪器(设备)

烤箱、烤盘、醒发箱、搅拌器、台秤(电子秤)、各种印模、粉筛、排笔、打蛋机、铁架子车、擀面杖、油纸、刮板等。

二、任务实施

(一)工艺流程

原辅料预处理→第一次面团调制→第一次发酵→第二次面团调制→第二次发酵→整形→成型→烘烤→冷却→包装→成品

(二)操作步骤

1.原辅料处理

2.部分材料入缸

第一次搅拌时,将配方中30%～40%的面粉量,相对于面粉量50%～60%的水及所有配方中的酵母、改良剂全部倒入缸中。

3.从搅拌到完成(第一次面团调制)

(1)拾起阶段　搅拌至"拾起阶段",将速度切换成"中速"(在拾起阶段,干性材料与湿性材料相互拌合在一起,面团湿润不均匀,粗糙而无弹性及延展性)。

(2)卷起阶段　继续搅拌至"卷起阶段"(此时水分全部被面粉均匀吸收,面筋开始形成,并卷附在搅拌钩上,干料吸水而致面团变得很干,不再黏附缸边,用手触摸时仍会黏手,以双手拉面团时易断裂,且无良好的延展性)。

(3)扩展阶段　待所有原料搅拌均匀以后,改为中速停止机器,将配方中的油加入,继续用中速搅拌至面筋完全扩展(扩展阶段的面团有很大的弹性,干燥不黏的感觉,面团表面较为光滑有弹性,但用手拉面团时扔易断裂)。

(4)完成阶段　搅拌至"完成阶段"(此阶段的面团,因面筋以充分扩展,具有良好的伸展性及弹性,以手拉开面团会呈光滑薄膜状,且断裂时为光滑的圆洞,而非锯齿状,此阶段为最佳的程度,吐司类产品需搅拌至此阶段)。

4.第一次面团发酵

面团表面呈光滑而均匀时,即可放入发酵箱,面团温度最好为25℃,发酵箱的温度应控制为26～28℃,湿度为75%,发酵后面团达到原体积的4～5倍大,所需时间一般为3.5～4.5 h。

5.全部材料入缸

第二次搅拌时,先将发酵好的种子面团放入搅拌缸,搅拌开,再加入配方中剩余的材料(油与乳化剂除外),一起拌和。

6.扩展阶段

放入配方中的油脂及乳化剂,继续搅拌,余下的从搅拌到完成步骤与第一次相同。

7.第二次面团发酵

发酵箱的温度应控制为 28～30℃，湿度为 80%～85%，所需时间一般为 1～2 h。

8.整形

(1)分割、称重　将面团分成若干等分的小面团，在称重过程中，必须考虑在烘烤过程中水分蒸发所导致的重量减轻现象，减少的量为面团 10%～13%。称重应快速地完成，以避免面团过度发酵。正常面团的分割损耗应少于 1%，面团分割越久损耗越多。

(2)搓圆　搓圆的方法，即是将面团放在工作台上，然后用 5 个指头握住小块面团，手心朝下，在案板上做定点绕圆回转，用手掌收住结口。面团会因不断地转动而伸展至表面光洁的圆球形。搓圆完成后一定要注意收口向下放置，避免面团在醒发或烘烤时收口向上翻起，形成表面的皱褶或裂口。

(3)中间醒发　进行中间醒发的方法是：滚圆好的面团按滚圆的先后，顺序整齐成行地排放在案板上，用塑料薄膜(或拧干水的纱布)盖好以防表面风干结皮，8～15 min 后按先后顺序取出逐个进行整形。中间醒发温度应在 26～28℃，面团表面应盖上湿布，保持湿度，避免表皮产生干裂现象。

(4)整形　面团经过适当的松弛之后，依据产品品种要求将其整形出理想的形状，如圆形、长方形、橄榄形及吐司标准整形法等，再放入已刷油的模具中或平烤盘上，装入烤模或烤盘时必须将面团的接合处向下，防止面团在最后发酵或烘烤时裂开，影响面包的外表式样。

9.成型(最后发酵)

将装入经整形后面团的烤模或烤盘置入面包醒发箱中，相对湿度 80%～95%，温度 35～38℃，使面团涨到原来体积 2 倍以上为宜。醒发时间根据品种而定，一般为 2～4 h。

10.烘烤

入炉前可在面坯表面刷一层蛋液。刷蛋液的方法是：用排笔蘸蛋液，在容器边抿一下(已使蛋液不至于流淌，造成制品上涂蛋液过多)，将排笔端平，贴着面包表面轻刷过去，手法要快捷轻巧，要使面包的表面全部刷到蛋液，不能漏刷，也不能多刷(漏刷面包色泽不均，多刷蛋液在烘烤时会起泡，影响外观)，不能用力过重，否则会造成面包表皮损伤，引起塌陷。刷好蛋液后应立即入炉烘烤，入炉时同样要注意动作要轻巧，防止面团受震动而塌陷。

入炉后将炉温调到面火 180℃、底火 190℃，烘烤约 20 min，然后观察判断面包的成熟情况。当面包完成上色后，此时可用手指轻按面包的侧面，同时用手轻拍，如手指按下部位立刻弹出，拍有“噗噗”空响，表示已成熟；如按下部位不弹起或弹起缓慢，拍声哑，则表示尚未成熟。另外，还可以采用牙签插入检测的办法，取一根干净牙签插入面包内部，抽出观察，如上面沾有面包颗粒，说明还未完全成熟；如上面没沾任何东西，就说明面包已完全成熟。此法在烘烤大型面包时最为常用。

11.冷却与包装

及时将出炉面包表面刷油并脱模。面包自然冷却到室温。常用的包装材料有纸袋和塑料袋。

三、测试过程的注意事项

(1)熟悉机器的使用方法及其性能，能正确操作。

(2)面团的加水量应根据所用小麦粉的吸水量和面团配方的成分而定。根据实验条件，严格计算水温。一般配方中有糖、油、蛋等成分，加水量应少些；而有奶粉的配方则应适当增加。

(3)在搅拌面团时要特别注意搅拌终点(即面筋完全扩展)的判断，搅拌不足或过度都降低面包的质量。

(4)严格控制发酵程度和醒发程度，在实际操作中，尤其要注意到这一点。

(5)烘烤面包时，要特别注意炉温的控制。入炉之前，应将烤炉提前预热。如烤炉有炉温不均匀现象，那么在烘烤过程中要适时调转烤盘方向，使成品成熟均匀，保证质量。

四、考核评价

(一)感官指标

1.色泽

面包的表皮呈金黄色或棕黄色，均匀一致，无斑点，有光泽，不能有烤焦和发白现象。

2.表面状态

面包表面应光滑、清洁，无明显撒粉粒，没有气泡、裂纹、变形等情况。

3.形状

各种面包应符合所要求的形状。枕形面包头的大小应一致。用面包听制作的面包坯粘听，用烤盘制作的面包粘边不得大于四周长的1/4。

4.内部组织

面包的断面呈细密均匀的海绵状组织，掰开面包呈现丝状，无大孔洞，富有弹性。

5.口感

口感松软，并具有产品的特有风味，鲜美可口无酸味。

（二）理化指标

1.水分

以面包中心部位为准，水分含量在34%～44%范围。

2.酸度

以面包中心部位为准，不超过6.0度。

3.比容

咸面包在3.4以上，淡面包、甜面包、花色面包在3.6以上。

五、思考与练习题

（一）填空题

1.面粉是保持产品______的基本原料，构成产品的______。

2.油脂在面团中能起调节面筋______度，延长产品的______，使产品______。

3.面筋的物理特性有______、______、______和______。

4.面粉中的蛋白质主要由____、______、______、______。

5.叶司面包面团的温度应控制在______度。

6.面包烘烤过程的三个阶段为______、______、______。

7.酵母在发酵过程中首先利用的糖是______。

（二）简答题

1.试述面包生产的基本工艺流程。

2.生产面包用粉需经哪些处理？为什么？

【知识链接】

1.烤箱的种类

烤箱按热源可分为电烤箱和煤气烤箱；按传动方式可分为炉底固定式烤箱（图1-1a）和炉底转动式烤箱（图1-1b）两种；按外形可分为柜式烤箱和通道式烤箱。此外，从烤箱的层次上分又可分为单层、双层、三层烤箱等。

2.烤箱的使用

烘烤是一项技术性较强的工作，操作者必须认真了解和掌握所有使用烤箱的特点和性能，尽管制作西点的烤箱种类较多，但基本操作大致相同。

(a)立式烤箱

(b)旋转烤箱

图 1-1 烤箱

(1)新烤箱在使用前应详读使用说明书,按使用说明书要求进行操作,以免使用不当出现事故。

(2)电烤箱应放在平整、稳固的地方,并保证接地螺栓可靠接触,用 250 V、10 A 单相三芯插座与自带电源插头匹配使用,在使用过程中,玻璃窗、插座应保持清洁。

(3)食品烘烤前烤箱必须预热,待温度达到工艺要求后方可进行烘烤。

(4)温度确定后,要根据某种食品的工艺要求合理选择烘烤时间。

(5)在烘烤过程中,要随时检查温度情况和制品的外表变化,靠近炉门有散热现象,烘烤食品时要翻面,使其受热均匀。

(6)取用食品要停电操作,用手柄叉卡好烤盘,以防止触碰发热元件烫伤手指。

(7)烤箱使用后应立即关掉电源,温度下降后要将残留在烤箱内的污物清理干净。

(8)不用时把功率、温度控制、定时三个转换开关转到关停位置上,放在干燥、通风、洁净处。

3.烘烤设备的保养

注意对设备的保养,不但可以延长设备的使用寿命,保证设备的正常运行,而且对产品质量的稳定具有重要意义。烘烤设备的保养主要有以下几点:

(1)经常保持烤箱的清洁,清洗时不宜用水,以防触电,最好用厨具清洗剂擦洗,但对里衬是铝制材料的烤箱不能用清洗剂擦洗,更不能用钝器铲刮污物。

(2)保持烤具的清洁卫生,清洗过的烤具要擦干,不可将潮湿的烤具直接放入烤箱内。

(3)长期停用的烤箱,应将内、外擦洗干净后,用塑料罩罩好放在通风干燥处存放。

4.面包生产的材料

面包是由小麦面粉、酵母和其他辅助原料加水(图 1-2)调制形成面团后经发酵、整形、成型、烘烤等工序制成的方便食品。

图 1-2　面包生产材料

5.材料与处理应注意的问题

(1)小麦粉须过筛除杂,在此过程中能够混入大量的空气,利于酵母的繁殖和面团的形成。

(2)须选择 pH 小于 7 的水。因为碱性水能中和面团酸度,不利于酵母的生长。

(3)活性干酵母需先用 35℃的温水,使干酵母复水,后静置 30 min,使其活力得到恢复。

6.面团调制的目的

(1)使原辅料均匀地混合。

(2)同时,能加快面粉的吸水、胀润形成面筋的速度,缩短面团形成时间。

(3)它还能存进面筋扩展,使面团具有良好的弹性和延伸性,改善面团加工性能。

任务二　吐司面包的制作

【知识目标】

掌握吐司面包制作所使用的原料、配方。掌握吐司面包操作中的技术要点。

【能力目标】

会使用所需的设备,能评价吐司面包的质量标准。

一、任务准备

1. 材料

高筋粉、酵母、改良剂、奶粉、砂糖、水、盐、鸡蛋。

2. 仪器(设备)

见表 1-1。

表 1-1 设备名称和数量

序号	名称	数量
1	台秤	1
2	和面机	1
3	分割搓圆机	1
4	烤箱	1
5	醒发箱	1
6	烤盘	5
7	量杯	1
8	多层烤盘车	1
9	整形机	1
10	吐司模具	20

二、任务实施

1. 配方

见表 1-2。

表 1-2 配方及用量

序号	名称	用量/g
1	高筋粉	1 000
2	酵母	15
3	改良剂	5
4	奶粉	30
5	砂糖	80
6	白麦淇淋	80
7	鸡蛋清	20
8	盐	20
9	水	560

2.原辅料处理

称量，见图 1-3。

图 1-3　原辅料处理

3.调制面团

(1)将面粉 1 000 g、酵母 15 g 混合放入搅拌器(图 1-4a)中，然后加入改良剂 5 g 搅匀。

(2)逐渐加入水 560 g 和面，搅拌均匀。再加入油脂，慢转搅拌均匀(图 1-4b)。

(3)尽快调整好面团的软硬度。当无生粉时，加入盐 20 g，慢速搅拌 2 min，快速搅拌 7 min，当用手拉面至薄膜无断裂时，和面完毕(图 1-4c、d)。

(a)　(b)

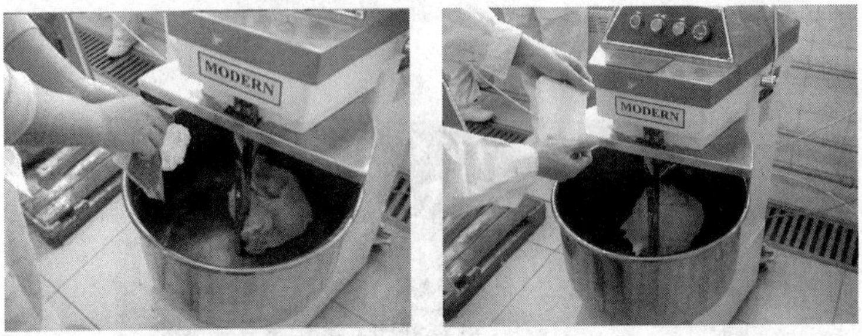

(c) (d)

图 1-4 搅拌器调制面团

4. 基础醒发

出面后,面布盖住,放入发酵箱中醒发 30～45 min。温度 28℃,湿度 70%～80%。见图 1-5。

5. 整形

将分割搓圆面团醒发 15 min。温度 28℃,湿度 70%～75%。见图 1-6。

图 1-5 醒发

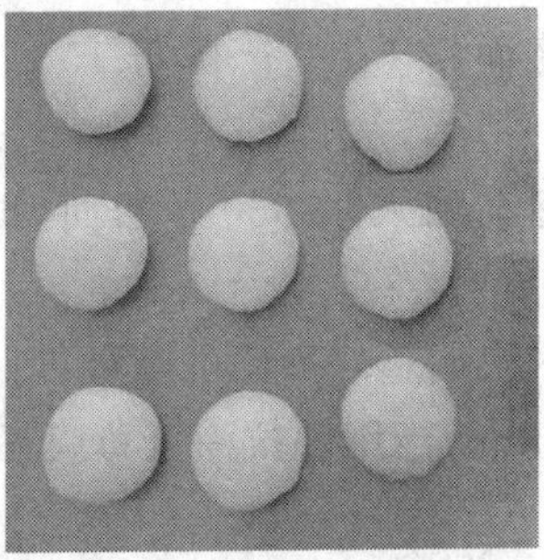

图 1-6 整形

6. 成型

用擀面棒将面团擀成椭圆形薄片,从上向下卷紧,每 4 条并排放入涂过油的吐司模内。送进醒发箱,发至八成时取出。见图 1-7。

7. 烘烤

进烤炉,上火 200℃,下火 180℃。时间 40～45 min。

8. 冷却

将出炉后的烤盘置于烤盘架上,至面包冷却到室温。

9. 包装

用塑料袋或塑料纸将面包包好,放于食品箱中。

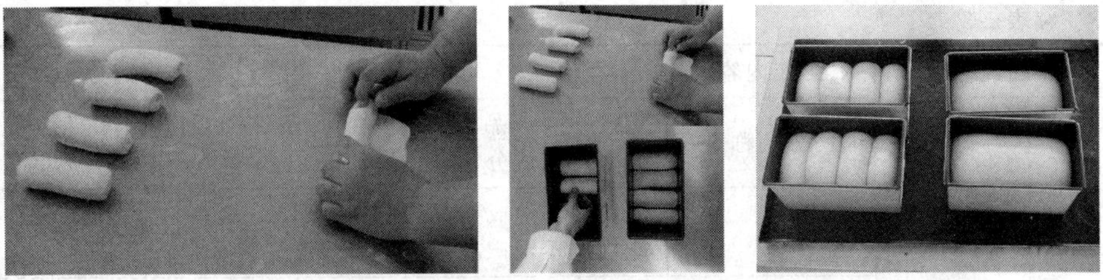

(a) (b) (c)

图 1-7 成型

三、测试过程的注意事项

(1)在搅拌面团时要特别注意搅拌终点(即面筋完全扩展)的判断,搅拌不足或过度都降低面包的质量。

(2)所用面包听模的大小应与分割面团的质量大小相适应,使用时要注意其温度与室温基本相同。

(3)严格控制发酵程度和醒发程度,在实际操作中,尤其要注意到这一点。

(4)整个操作过程中尽量不要撒干粉,干粉过多会使面包内部出现大的孔洞或条状硬纹。如在操作中面团沾手不便于操作,可用手指蘸些液态油在两手掌中摩擦,形成均匀的薄油膜便可防止面团粘连,利于操作。

四、考核评价

(一)实训操作标准

见表 1-3。

表 1-3 吐司面包制作操作标准

序号	训练项目	工作内容	技能要求	满分 100 分
1	准备工作	清洁工作	能发现并解决卫生问题	5
		备料	能进行原、辅料预处理	5
		检查工器具	检查设备运行是否正常	5
2	面团、面糊调制与发酵	配料	能按产品配方计算出原辅料实际用量	10
		搅拌	能根据产品配方和工艺要求解决搅拌过程中出现的一般问题	5
		面团控制	能使用 3 种发酵工艺进行发酵	10

续表 1-3

序号	训练项目	工作内容	技能要求	满分 100 分
3	整形与醒发	面团分割称重	能按不同产品要求在一定的条件和规定时间内完成分割和称量	5
		整形	能使用 4 种成型方法进行整形 能根据不同产品特点进行整形	10
		醒发	能按主食面包的工艺要求醒发 3 个品种	10
4	烘烤	烘烤条件设定	能按不同产品的特点控制烘烤过程	10
5	装饰	装饰材料的准备	能调制多种装饰材料	5
		装饰材料的使用	能用调制的多种装饰材料对产品表面进行装饰	5
6	冷却与包装	冷却	能正确使用冷却装置 能控制产品冷却时间及冷却完成时的内部温度	5
		包装	能根据产品特点选择相应的包装方法	5
7	贮存		能将原辅料分类贮存 能根据原辅料的贮存期限进行贮存	5

（二）考核要点及参考评分

把面包的品质分为外部和内部两个部分来评定，外表部分占 30%，包括体积、表皮颜色、外表式样、焙烤均匀程度、表皮质地五个部分。内部的评价占总分的 70%，包括颗粒、内部颜色、香味、味道、组织结构等五个部分。一个标准的面包很难达到 95 分以上，但最低不可低于 85 分。现将内外两部分各细则评分的办法说明如下（表 1-4）。

表 1-4　吐司面包制作考核要点及评分

	项目	得分	要求
面包外部评分（满分 30 分）	(1)体积		烤熟的面包必须要膨胀至一定的程度。膨胀过大，会影响到内部组织，使面包多孔而过分松软；如膨胀不够，会使组织紧密，颗粒粗糙。在做烘焙试验时，面包体积大多是用“面包体积测定器”来测量，它的单位为 g/cm^2。用测出的面包体积来除此面包的质量，所得的商即为此面包的体积比（Specfic Volume），根据算出的体积比就可以给予体积评分。体积部分及格是 8 分

续表 1-4

	项目	得分	要求
面包外部评分（满分30分）	(2)表皮颜色		面包表皮颜色是由于适当的烤炉温度和配方内糖的使用而产生的，正常的表皮颜色应是金黄色，项部较深而四边较浅，正确的颜色不但使面包看起来漂亮，而且更能产生焦香味
	(3)外表形状		正确的式样不但是顾客选购的焦点，而且也直接影响到内部的品质。面包出炉后应方方正正，边缘部分稍呈圆形而不过于尖锐，两头及中央应一般齐整，不可有高低不平或四色低垂等现象
	(4)焙烤均匀程度		面包应具有金黄的颜色，顶部稍深而四周及底部稍浅。如果出炉后的面包上部黑而四周及底部呈白色的，则这块面包一定没有烤熟；相反，如果底部颜色太深而顶部颜色浅，则表示烘焙时所用的底火太强，这类面包多数不会膨胀得很大，而且表皮很厚，韧性太强
	(5)表皮质地		良好的面包表皮应该薄而柔软。配方中适当的油和糖的用量以及发酵时间控制得恰当与否，均对表皮质地有很大的影响，配方中油和糖的用量太少会使表皮厚而坚韧，发酵时间过久会产生灰白而有碎片的表皮。发酵不够则产生深褐色、厚而坚韧的表皮。烤炉的温度也会影响到表皮的质地，温度过低烤出的面包表皮坚韧且无光泽；温度过高则表皮焦黑而龟裂
面包内部评分	(1)颗粒(满分15分)		面包的颗粒是指断面组织的粗糙程度、面筋所形成的内部网状结构，焙烤后外观近似颗粒的形状。此颗粒不但影响面包的组织，更影响面包的品质。如果面团在搅拌和发酵过程中操作适宜，此面团中的面筋所形成的网状组织较为细腻，烤好后面包内部的颗粒也较细小，富有弹性和柔软性，面包在切片时不易碎落。如果使用面粉的筋度不够或者搅拌和发酵不当，则面筋所形成的网状组织较为粗糙且无弹性，因此烤好后的面包形成粗糙的颗粒，冷却切割后有很多碎粒纷纷落下。评定颗粒标准的原则是颗粒大小一致，由颗粒所影响的整个面包内部组织应细柔而无不规则的孔洞
	(2)内部颜色(满分10分)		面包内部颜色应呈洁白或浅乳白色并有丝样的光泽，其颜色的形成多半是面粉的本色，但丝样的光泽是面筋在正确的搅拌和健全发酵状况下才能产生的。面包内部颜色也受到颗粒的影响。粗糙不均的颗粒或多孔的组织，会使面包受到颗粒阴影的影响变得黝暗和灰白，更谈不上会有丝样的光泽

续表 1-4

	项目	得分	要求
面包内部评分	(3)香味(满分10分)		面包的香味包括外皮部分在焙烤过程所发生的羰氨反应和蔗糖的焦糖化作用形成的香味成分与小麦本身的麦香、面团发酵过程中所产生和香味物质及各种使用材料形成的香味。评定面包的香味,是将面包的横切面放在鼻前,用两手压迫面包,嗅闻所发出来的气味。如果发现酸味很重,可能是发酵的时间过久,或是搅拌时面团的温度太高,如闻到的味道是淡淡的稍带甜味,则证明是发酵的时间不够。面包不可有霉味、油的酸败味或其他香料感染的气味
	(4)味道(满分20分)		正常主食用的面包在入口咀嚼时略具咸味,而且面包咬入嘴内应很容易地嚼碎,且不粘牙,不可有酸和霉的味道。含有甜味的面包是做甜面包用的,主食用的面包不可太甜
	(5)组织结构(满分15分)		本项也与面包的颗粒有关,搅拌适当和发酵健全的面包,内部结构均匀,不含大小不均的蜂窝状的孔(法国式面包除外)。结构的好坏可用手指触摸面包的切割面,如果感到柔软、细腻,即为结构良好的面包,反之触觉感到粗糙即为结构不良

(三)实训评分

1	实训操作工作作风	在实训过程中出满勤 工作态度认真,具有团队合作精神	
2	实训报告	总结内容全面,比较深刻	
3	实训操作总分		
4	产品考核要点总分		
	实训总分		

(四)考核方式

实训地现场操作。

五、思考与练习题

(一)判断题(正确的请打"√",错的打"×")

1. 小麦粒主要是由胚乳、胚芽和麸皮三部分组成。(　)

2.面包坯在烘烤中重量损耗一般在15%。( )

3.油脂酸败的主要类型是脂肪自动氧化、β-酮基氧化和油脂水解。( )

4.面团在发酵初期以发酵作用为主,中期以有氧呼吸为主。( )

5.温度在-7~20℃时,面包"老化"最快。( )

6.成型也叫醒发、最终醒发或后发酵。( )

(二)简答题

1.面包面团调制时要注意哪些问题?

2.糖类在焙烤制品中有哪些作用?

【知识链接】

1.常用机械的种类

(1)专用搅拌机 主要用于搅动鸡蛋、奶油和面团调制等。见图1-8。

(2)压面机 见图1-9。

(3)发酵箱 见图1-10。

图1-8 搅拌机

图1-9 面包压面机

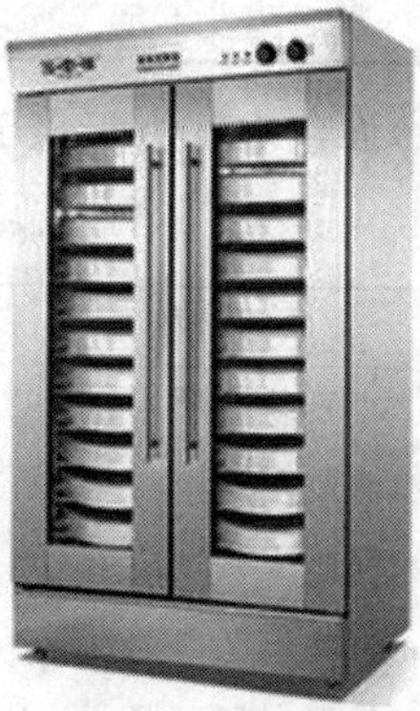

图1-10 发酵箱

发酵箱是根据面包发酵原理和要求而进行设计的电热恒温恒湿产品。发酵箱的箱体大多是不锈钢制成,由密封的外框、活动门、不锈钢管托架、电源控制开关、水槽和温度、湿度调节器等部件组成。

发酵箱的工作原理是利用电热管控制电路加热箱内水盘的水蒸发,使发酵箱产生相对湿度为80%~85%,温度为35~40℃的最适发酵环境,使面团在一定的温度和湿度下充分地发酵、膨胀。发酵面包时,一般要先将发酵箱调节到理想温、湿度后方可进行发酵。发酵箱在使用时水槽内不可无水干烧，否则设备会遭到严重的损坏。发酵箱要经常保持内外清洁，水槽要经常用除垢剂进行清洗。

2.常见问题分析

(1)面包的体积过小　见表1-5。

表1-5　面包体积小的原因分析及其纠正方法

原因分析	纠正方法
酵母量不足	增加酵母用量
酵母失去活性	注意保藏酵母，过期酵母不用
小麦粉筋度不足	选用高筋小麦粉
小麦粉太新	不用新磨出机的小麦粉
调制面团不足或过久	控制搅拌程度
加糖量太多	减少糖的用量
面团温度不当	加冰水或热水调制
缺少改良剂	加入适量改良剂
加盐量不足或过多	控制加盐量在1.5%～2%
最后醒发不足	增加醒发时间，提高醒发室温度

(2)面包内部组织粗糙　见表1-6。

表1-6　面包内部粗糙的原因分析及其纠正方法

原因分析	纠正方法
小麦粉品质不佳	选用优质小麦粉
调制不足	将面筋充分打起
面团太硬	加水至最大吸水量
发酵过久	相对缩短发酵时间
整形时压不紧	整形时须将老气排走，面团压紧
撒粉太多	尽量不用或少用生粉
加油脂量不足	加入4%～6%的油脂

3.影响面团调制的因素

(1)加水量(一般为小麦粉量的45%)。

(2)水的温度(最适温度为30℃)。

(3)搅拌的时间(一般为10～20 min)。

(4)糖、盐的添加，需延长搅拌时间。

4.面团发酵的目的

(1)面团中发酵产物的积蓄,赋予制成品以风味、芳香。

(2)面团膜薄层化,使面团具有良好的延伸性。

(3)增大面团的体积,使面团内部形成蜂窝结构,增强面团的持气能力。

任务三 葡萄干面包的制作

【知识目标】

掌握葡萄干面包制作所使用的原料、配方。掌握葡萄干面包操作中的技术要点。

【能力目标】

会使用所需的设备,能评价葡萄干面包的质量标准。

一、任务准备

1.材料

高筋粉、酵母、改良剂、砂糖、水、奶粉、葡萄干。

2.仪器(设备)

台秤、和面机、烤箱、发酵箱、量杯、整形机、模具、烤盘、多层烤盘车。

二、任务实施

1.基本配方

(1)种子面团　高筋粉 1 000 g、水 550 g、即发干酵母 13 g、改良剂 5.5 g、白糖 30 g。

(2)主面团　高筋粉 2 000 g、水 900 g、糖 70 g、奶粉 60 g、盐 30 g、改良剂 15 g、奶油 120 g、无核葡萄干 300 g 一起搅拌。

2.操作步骤

(1)种子面团调制　先将面粉用 40 目筛子过筛备用。按配方将高筋粉 1 000 g、水 550 g、速发干酵母 13 g、改良剂 5.5 g、白糖 30 g 加入搅拌机,开机用慢速搅拌 2 min,然后变中速再搅拌 2 min,直到面团表面呈光滑而均匀时。

(2)种子面团发酵　将调制好的种子面团放入发酵桶中,放入面包发酵箱中,发酵箱的温度应控制在26～28℃，湿度为75%，发酵至面团为原体积的4～5倍大，顶部稍有下陷趋势，并有浓郁的酒精香味时，表示面团已完成发酵。所需时间为3.5～4.5 h。

(3)全部材料入缸　第二次搅拌时，先将发酵好的种子面团放入搅拌缸，加入配方中剩余的材料(油及乳化剂除外)：高筋粉2 000 g、水900 g、糖70 g、奶粉60 g(以水先溶化为宜)、盐30 g、改良剂15 g，一起拌和。

(4)扩展阶段　放入配方中的奶油120 g，用中速搅拌混合均匀，继续搅拌至面筋完全扩展。

(5)完成阶段　将面团搅拌至表面有光泽、不粘手为止。

(6)整形

①分割：将面团分割成重300 g的面团。

②搓圆、醒发：将面块搓成表面光洁的圆球面团，上盖湿布，中间醒发15 min。(将无核葡萄干300 g浸于冷水中泡30 min，然后沥干备用)。

③整形入听。

a.将面团压延成扁平。

b.将面饼右下向上摺起1/3，然后再由上向下摺起约1/3，压平。

c.逐渐将压平的面饼撒无核葡萄干30 g卷起，做成卷筒状的面团。

d.将按口朝下放入面包烤模

(7)成型　将烤模放入醒发室。醒发温度36～38℃；湿度85%～90%；时间40～50 min。

(8)烘烤、冷却

①将烤模送入烤箱，温度在200～220℃，时间25 min左右。成熟判断：脱模后两侧坚硬直挺。

②及时将烤好的面包刷油并脱模。

③将面包自然冷却至室温。

(9)感官指标

①色泽　表面棕黄色，四边较浅，不焦白。

②形态　边缘部分稍呈圆形而不过于尖锐，两头与中间应一样方正，两侧呈丝状连接顶部和侧面，不应断裂成盖子形状。

③组织　葡萄干分布均匀，若横断切开，不应有葡萄干脱落下来。面包具有弹性。松软不粘牙，有葡萄干特有的酸味和甜味。

三、测定过程的注意事项

(1)面团的加水量应根据所用小麦粉的吸水量和面团配方的成分而定。根据实验条件,严格计算水温。一般配方中有糖、油、蛋等成分,加水量应少些;而有奶粉的配方则应适当增加。

(2)在搅拌面团时要特别注意搅拌终点(即面筋完全扩展)的判断,搅拌不足或过度都降低面包的质量。

(3)所用面包听模的大小应与分割面团的质量大小相适应,使用时要注意其温度与室温基本相同。

(4)严格控制发酵程度和醒发程度,在实际操作中,尤其要注意到这一点。

四、考核评价

见表1-7。

表1-7　葡萄干面包制作考核评价

检验项目	检验结果
形态	
色泽	
内部组织	
口味	
卫生	

五、思考与练习题

(一)选择题

1.面包烘烤过程一般经过(　　)阶段。

A.二　B.三　C.四　D.五

2.面筋拉长时所表现的抵抗能力称为面筋的(　　)。

A.弹性　B.延伸性　C.韧性　D.比延伸性

3.小麦的果皮包括(　　)。

A.种皮、珠心层、糊粉层　B.内果皮层、外果皮层、细胞层

C.种皮、外果皮层、细胞层　D.外果皮层、珠心层、糊粉层

4. 小麦的脂肪主要存在于(　　)。

A. 胚芽和顶毛　　B. 顶毛和麸皮

C. 麸皮和胚乳　　D. 胚乳和糊粉层

5. 我国规定小麦的水分含量在(　　)之间。

A. 11%～13%　　B. 13%～15%　　C. 15%～17%

6. 每增加5%的糖量,面团吸水率降低(　　)。

A. 0.4%　　B. 0.6%　　C. 0.8%　　D. 1%

(二)简答题

试比较一次发酵法和二次发酵法的特点。

【知识链接】

1. 刀具

刀具是西点生产工艺中经常使用的工具(图1-11),一般用薄钢板或不锈钢板制成。按形状和用途可分为分刀、抹刀、锯刀、刮刀、滚刀。

(1)分刀。由不锈钢薄板制成,有大小之分,多用于蛋糕、果脯和原料的分割。

(2)抹刀。它是用弹性较好的不锈钢薄板制成,刀片韧性好,无锋刃,刀柄用木柄和塑料柄,是制作奶油蛋糕时抹面或其他装饰的专用工具。

(3)锯刀又称西点刀,一端有锋利的锯齿,多用来切割面包、蛋糕。

(4)刮刀称刮板,是无刃刀具,用不锈钢或塑料制成,有长方形、半圆形等。主要用于手工调制少量面团和清理案板、制作面包时切面团、铲刮面团等。

(5)花滚刀可用于制作清酥类点心、混酥类点心时切面片、切面条。

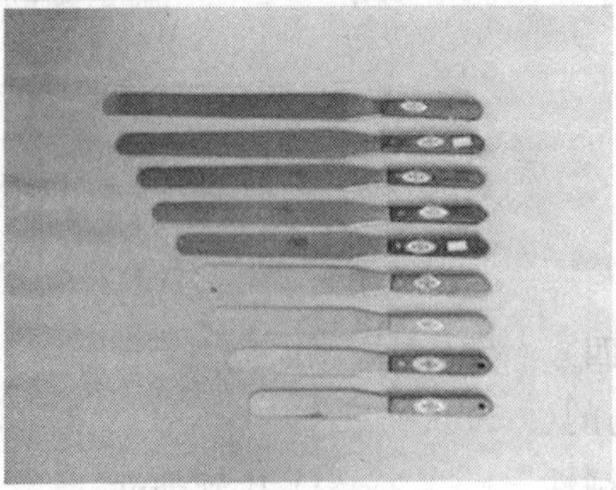

(a)抹刀

(b)锯刀

图1-11　刀具

2. 模具

西点模具的种类很多，常见的有烤盘、蛋糕模具、面包模具、小型糕点模具、专用糕点模具、裱花袋、各种花嘴、花戳等。

(1)烤盘是烘烤制品的主要模具，是由白铁皮、不锈钢板等材料制成，有高边和低边之分；烤盘大小是由炉膛规格限定。

(2)蛋糕模具是由不锈钢、马口铁制成，主要用于蛋糕坯的成型。

(3)面包模具一般是用薄铁皮制成的，有带盖和无盖之分，规格大小不一。一般无盖的模具上口 28 cm 长、8 cm 宽，底 25 cm 长、7 cm 宽，总高 7 cm，为空心梯形模具。主要用于制作主食大面包，还可以作为黄油蛋糕、巧克力蛋糕的模具。有盖的面包模具一般为长方体空心形，尺寸为 28 cm×7 cm×8 cm，是制作吐司面包的专用模具。

(4)小型点心模具由薄铁皮制成，一般有船形、椭圆菊花边形、圆形、圆菊花边形等。常用来制作水果塔或油料、果料蛋糕，也可用于制作冷冻食品。

(5)月饼模具。月饼模具一般由木质和塑料制成，形状一般为圆形或方形，图案多种多样。

(6)裱花嘴多用不锈钢片、黄铜片制成，形状很多，规格大小不一。常用的由扁形、圆形、锯齿形等，是制作奶油蛋糕、裱制奶油花、挤各种图案、花纹和填馅不可缺少的工具之一。

(7)裱花布袋是用细布缝制或黏制而成的圆锥形口袋，在锥形尖处剪去一小块用来放置裱花嘴(图 1-12)。常用来裱花、挤泡芙料、挤饼干等，是与裱花嘴配套的工具。

图 1-12　裱花嘴

(8)压制模具是由不锈钢片制成的，有圆边和菊花边之分，形状有圆形、椭圆形，一般分为成套盒装，规格从直径 2～10 cm 不等。其用途是对擀制好的各种坯料进行初步加工，使其成为特定形状。

3.其他工具

见图 1-13。

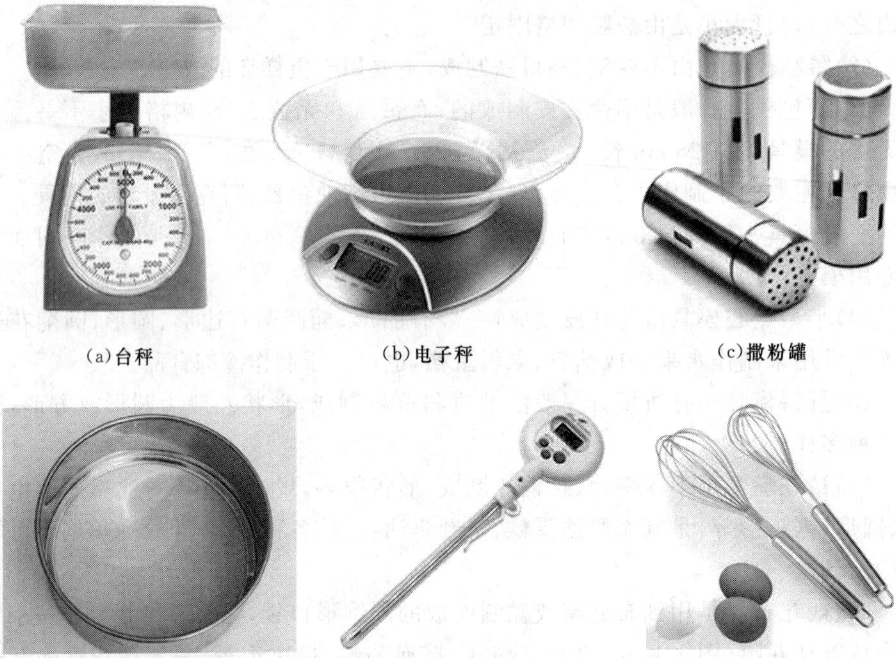

(a)台秤　(b)电子秤　(c)撒粉罐

(d)面粉筛　(e)温度计　(f)打蛋器

图 1-13　工具

4.工具的保养

(1)常用工具不能乱用、乱堆、乱放，工具用过后，应根据不同类型分别定点存放，不可混乱放在一起。如擀面杖、网筛、布口袋与刀剪等利器存放在一起，不小心会使擀面棍受损，网筛、布口袋被扎破。

(2)铁制、钢制工具存放时，应保持干燥清洁，以免生锈。

(3)工具使用后，对附在工具上的油脂、糖膏、蛋糊、奶油等原料，应用热水剂冲洗和擦干。特别是直接接触熟制品的工具，要经常保持清洁和清毒，生熟食品的工具和用具必须分开保存和使用，否则会造成食品污染。

5.面团发酵的目的

(1)面团中发酵产物的积蓄，赋予制成品以风味、芳香。

(2)面团膜薄层化，使面团具有良好的延伸性。

(3)增大面团的体积,使面团内部形成蜂窝结构,增强面团的持气能力。

6.面团发酵原理

(1)酵母的呼吸作用 酵母是典型的兼性厌氧微生物。发酵初期,酵母以单糖为营养物质进行有氧呼吸,生成二氧化碳和水。随着呼吸作用的进行,面团内的二氧化碳体积增加,氧气含量减少,酵母转为缺氧呼吸即发酵作用。生成酒精和二氧化碳。也是成品特有的芳香气味的来源。

实际生产中,为了使面团充分膨胀并产生特有风味,应使酵母以有氧呼吸为主。因此,在面团发酵后期,辅以多次掀粉,以排除面团中的二氧化碳,增加氧气,促使面团发酵成熟。

(2)影响面团发酵的因素

①温度 最适温度25～28℃。低于该温度面团发酵迟缓,生产周期延长;高于这个温度,有利于产酸菌的生长,容易造成面团酸度过高,使产品品质下降。

②酵母 一般要求酵母的发酵力在650 mL以上。发酵力过小,则面团发酵时间长,面团的起发迟缓,易造成面团的起发不足。

③酸度 面团中的酸大约60%是乳酸、其次是醋酸等。通过保持酵母的纯洁度可有效控制乳酸菌和醋酸菌的污染,从而保证成品的品质。

④渗透压 高浓度的糖和盐产生很大的渗透压,使酵母质壁分离而无法生长,进而影响发酵。

任务四 牛奶面包的制作

【知识目标】

掌握牛奶面包的配料,掌握牛奶面包制作的要点,面包成熟的判断。

【能力目标】

能正确评价面包的质量,能根据配料比算出所需用料。

一、任务准备

1.材料

高筋面粉、低筋面粉、酵母、奶粉、鸡蛋、黄油、砂糖、盐、水、牛奶、炼乳。

2. 仪器(设备)

面粉筛、台秤、和面机、烤箱、发酵箱、量杯、整形机、模具、烤盘、多层烤盘车。

二、任务实施

1. 基本配方

见表 1-8。

表 1-8　牛奶面包配方

成分	量	成分	量
高筋面粉	250 g	牛奶	170 mL
低筋面粉	50 g	白糖	60 g
蛋清	36 g	炼乳	15 g
奶粉	15 g	盐	2.5 g
黄油	30 g		
辅料			
鸡蛋黄	1 个	水	1 汤勺
黄油	适量	鲜酵母	8 g

2. 操作步骤

(1)面粉的过筛除杂　见图 1-14。

(2)面粉的第一次调制　主料中除黄油外，先把牛奶、鲜酵母、蛋清、盐、白糖、炼乳放入面包机中，再放入奶粉和 2 种面粉，启动发面团程序揉面 15 min，面团形成面筋网络可以拉出粗膜。见图 1-15。

图 1-14　过筛

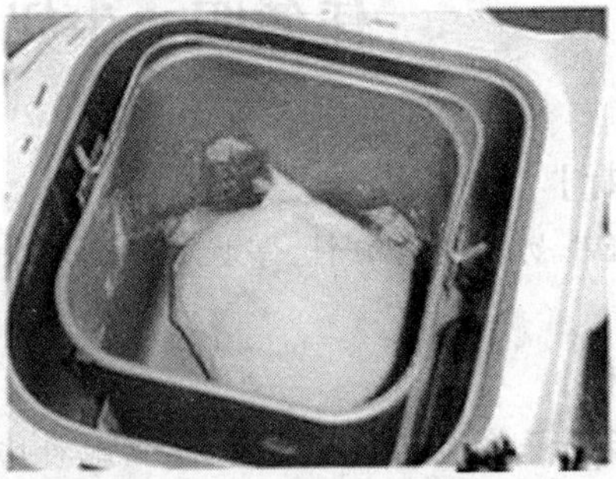

图 1-15　第一次调制

(3)第二次调制面团与初次发酵　放入切成小块已经软化的黄油，再次启动发面团程序，大约揉 25 min 面团能够拉出透明的薄膜，达到完全扩展，进入发酵阶段，发面团程序全程共 90 min。直到面团发酵至原体积 2～3 倍大。

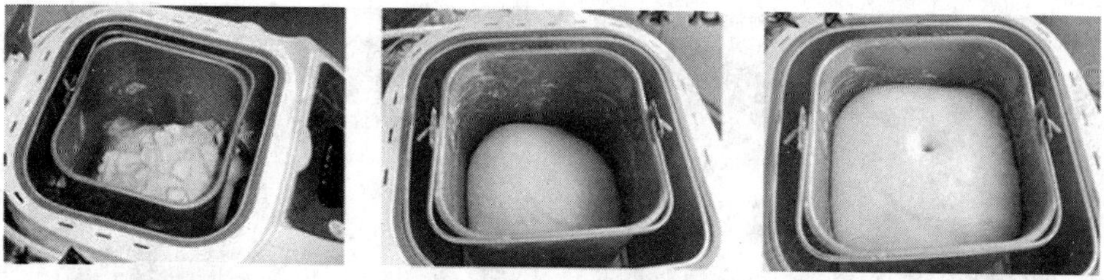

图 1-16　第二次调制与初次发酵

(4)面团的整形

①分割与搓圆　取出发酵好的面团,分割成 10 等份分别滚圆。见图 1-17。

图 1-17　分割与搓圆

②压片与整形　取一个剂子,擀成长舌形从上部向下卷起,接口处捏紧,再搓成两头尖的长条。见图 1-18。

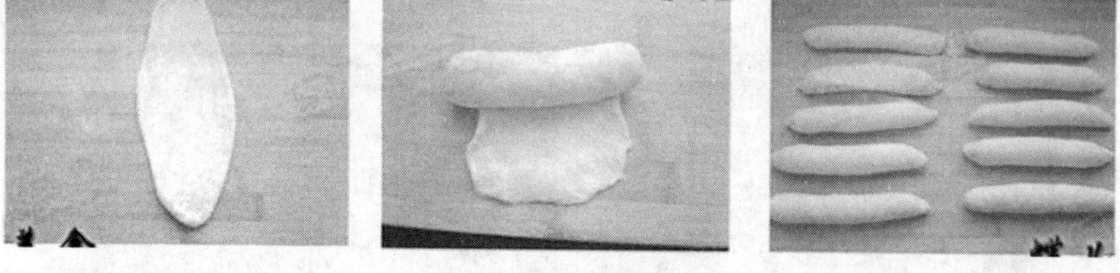

图 1-18　压片与整形

(5)面团的醒发

①装盘　深形烤盘中倒入少许植物油,刷匀,把面包条逐个摆入烤盘中。见图1-19。

图 1-19　装盘

②醒发　发到面包坯子是烘烤后面包体积的 80%。见图 1-20。

图 1-20　醒发

为了面包烤出的色泽更亮，蛋黄中加入水，搅拌均匀。用刷子把蛋黄液刷在面包生坯表面。见图 1-21。

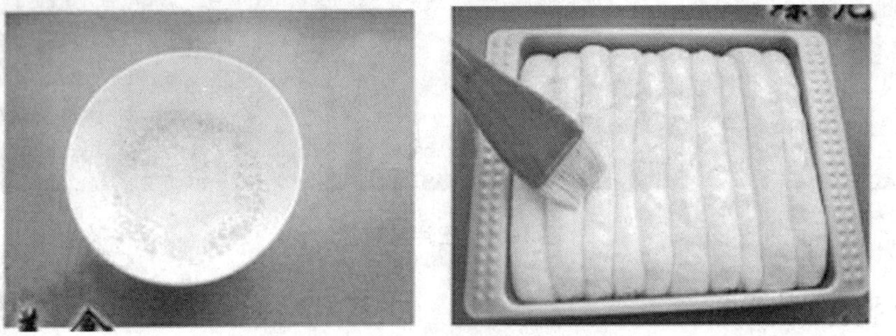

图 1-21　刷蛋黄液

(6)面团的烘烤 烤盘放入已经预热的烤箱下层,170℃上下火烤 30 min,烤好立即脱模放在烤架上,表面刷一层融化的黄油。见图 1-22。

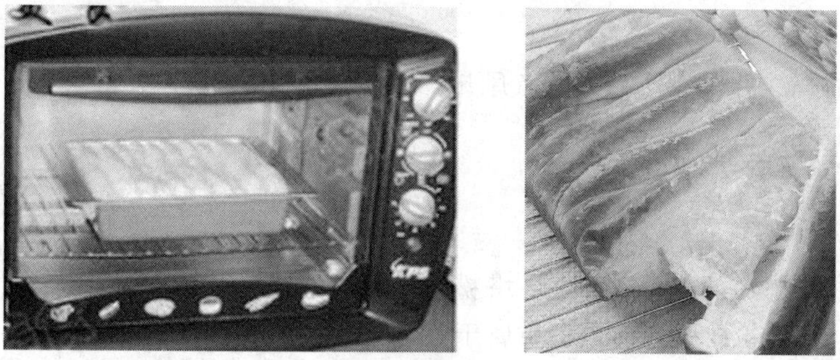

图 1-22 烘烤

(7)冷却与包装。

三、测定过程的注意事项

(1)面团的加水量应根据所用小麦粉的吸水量和面团配方的成分而定。根据实验条件,严格计算水温。一般配方中有糖、油、蛋等成分,加水量应少些;而有奶粉的配方则应适当增加。

(2)所用面包听模的大小应与分割面团的质量大小相适应,使用时要注意其温度与室温基本相同。

(3)烘烤面包时,要特别注意炉温的控制。入炉之前,应将烤炉提前预热。如烤炉有炉温不均匀现象,那么在烘烤过程中要适时调转烤盘方向,使成品成熟均匀,保证质量。

四、考核评价

1. 色泽

面包的表皮呈金黄色或棕黄色,均匀一致,无斑点,有光泽,不能有烤焦和发白现象。

2. 表面状态

面包表面应光滑、清洁,无明显撒粉粒,没有气泡、裂纹、变形等情况。

3. 形状

各种面包应符合所要求的形状。枕形面包头的大小应一致。用面包听制作的面包坯粘听,用烤盘制作的面包粘边不得大于四周长的 1/4。

4.内部组织

面包的断面呈细密均匀的海绵状组织,掰开面包 呈现丝状,无大孔洞,富有弹性。

5.口感

口感松软,并具有产品的特有风味,鲜美可口无酸味。

五、思考与练习题

(一)判断题

1.( )打发蛋白时添加之塔塔粉是一种碱性盐。

2.( )面粉内所含的蛋白质属于不完全蛋白质,所以制作面包时要在配方内添加脱脂奶粉以提高营养价值。

3.( )发粉是属于化学膨大剂,其主要的成分是小苏打、酸性盐和填充剂。

4.( )面粉中含水量一般在13%～14%之间。

5.( )做面包的面粉最好采用低筋面粉,其蛋白质含量应为7%～9%之间。

6.( )做面包配方内使用奶粉可使烤好的面包表面色泽悦目。

7.( )做面包选用高筋面粉,应注意其蛋白质质地的好坏,蛋白质质地差的面粉,只要蛋白质最高,就可补救质地差的缺陷。

8.( )面筋中的麦谷蛋白,使面团有良好的延展性。

9.( )面包出炉后,必须给予充分的冷却才可包装。

10.( )添加不同谷物于面包中,不但可增加风味,亦可提高营养价值。

11.( )面团在搅拌时,会和搅拌缸摩擦而产生热,此种摩擦热是我们在控制面团温度要注意的。

12.( )烘烤中的蛋糕,若以手轻按表面,有弹性感,即表示已烤热,可出炉。

13.( )油脂之酸败主要受光线、温度、水之影响,故保存时最好放置于干燥阴凉处。

14.( )淀粉在蛋糕生产中起稀释作用。

15.( )生产面包用水最好使用去离子水。

16.( )制作面包添加乳化剂,有助于产品品质改善。

17.( )蛋糕烘烤后趁热包装有利于蛋糕保藏。

18.( )小麦的成分中以蛋白质量最高。

19.( )为延长烘焙食品的保存期限,最好的方法是添加大量防腐剂。

20.( )加入乳化剂使油水互溶的作用,称为乳化作用。

【知识链接】

1.常见问题分析

(1)面包表皮颜色过深　见表1-9。

表1-9　面包皮颜色过深的原因分析及其纠正方法

原因分析	纠正方法
加糖量太多	减少糖量
炉火太大	使用正确的炉温
发酵不足	延长发酵时间
面火太大	降低面火
烘烤时间太久	控制烘烤时间

(2)面包表皮过厚　见表1-10。

表1-10　面包皮过厚的原因分析及其纠正方法

原因分析	纠正方法
加油量不足	增加油量
炉温太低	使用适当炉温
发酵过久	减少发酵时间
炉内太干	喷蒸气入炉
糖、奶粉不足	提高二者成分
烘烤太久	正常控制烘烤时间
过久醒发或无湿度醒发	控制醒发时间与温湿度

(3)面包在入烤箱前或进烤箱初期下陷　见表1-11。

表1-11　面包下陷的原因分析及其纠正方法

原因分析	纠正方法
小麦粉筋力不足	选用高筋小麦粉
调制面团不够	延长调制,将面筋打起
缺少改良剂	加入含氧化剂的改良剂
缺盐	加盐
醒发时间过长	提高醒发温度,减少醒发时间
醒发体积过大	掌握好醒发终点
油、糖、水太多	减少油、糖、水的含量
移动面团时振动太大	醒发后,入炉时须轻放

(4)面包的口味不佳　见表1-12。

表1-12　口味不佳的原因分析及纠正方法

原因分析	纠正方法
原材料不佳	应选用品质较好的新鲜原材料
发酵所需的时间不足或过长	根据不同制品的要求正确掌握发酵所需的时间。如发酵的时间不足则无香味,发酵过度则产生酸味
最后醒发过度	严格控制醒发的时间及面坯胀发的程度,一般面坯醒发后的体积以原体积的2～3倍为宜
生产用具不清洁	经常清洗生产用具
面包变质	注意面包的储藏温度及存放的时间

2.面团发酵成熟的判断方法

①回落法　见图1-23。

②手触法。

③拉丝法　见图1-24。

④嗅觉法。

未发酵前

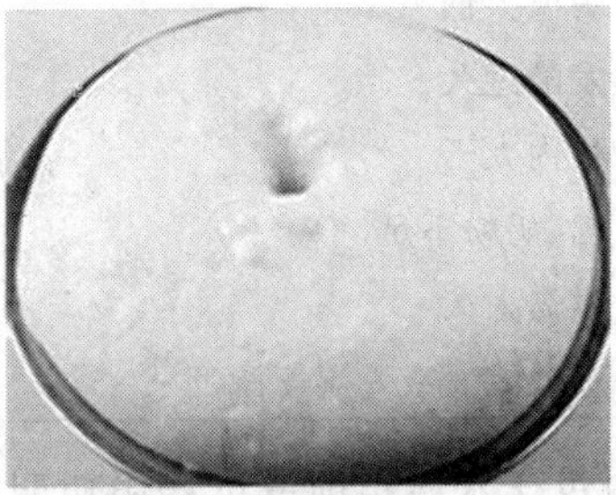

发酵好

图1-23　回落法

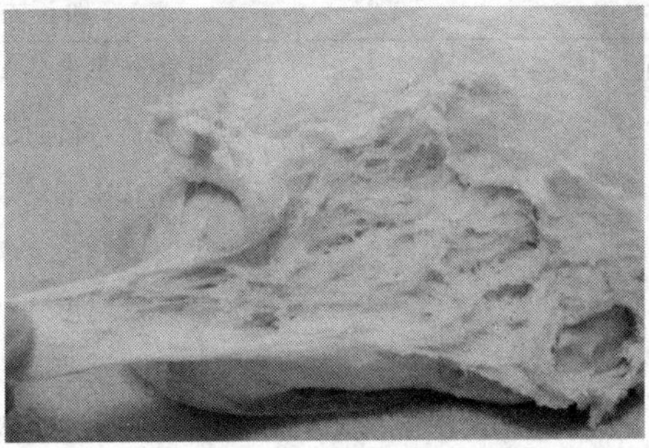

图1-24　拉丝法

3.整形与醒发

(1)分割与称量　由于面包坯在烘烤后有10%～12%的损耗,故在分割和称量时要把这部分重量损耗计算在内。

(2)搓圆　搓圆后一定注意收口向下放置。

(3)中间醒发　使面团重新获得气体,恢复弹性和柔软性。

(4)醒发(又称最后发酵、成型)　工艺参数:温度40℃,相对湿度85%～90%,醒发时间为50 min醒发成熟的判断:面包坯的体积膨胀到烘烤后体积的80%左右。

实训项目二　饼干加工综合实训

【知识目标】

了解和掌握饼干生产的原理、工艺流程。掌握饼干的特性和有关食品添加剂的作用。

【能力目标】

要求学生掌握各种饼干的制作方法以及食品添加剂的使用方法。

任务一　酥性饼干制作

【知识目标】

掌握酥性饼干的配料，注意饼干操作中的注意事项，掌握饼干的工艺流程。

【能力目标】

会使用饼干制作中所使用的仪器设备，能评价饼干的质量。加强理论知识和实际知识的联系。

一、任务准备

1. 材料

面粉、砂糖、油脂、疏松剂、奶粉、盐、鸡蛋。

2. 仪器(设备)

搅拌机、小型多用饼干成型机、烤箱、烤盘、面盆、台秤、面筛、研钵、压片机、打蛋机、切刀、挤浆布袋等。

二、任务实施

1. 工艺流程

原辅材料预处理→面团调制→面团辊轧→成型→烘烤→冷却→包装→成品

2. 操作步骤

(1)原辅料预处理　面粉：过筛；糖：糖粉或溶为糖浆；油脂：文火软化；食盐、疏松剂、乳粉等：溶化、过滤。

(2)面团调制(以酥性饼干为例)　先将糖、油脂、乳品、蛋品、疏松剂等辅料与适量的水投入调粉机内搅拌均匀形成乳浊液，然后将过筛后的面粉、淀粉加入调粉机内，调制 6～12 min，最后加入香精香料。见图 2-1。

图 2-1　面团调制

判断方法：在调制面团过程中，要不断用手感来鉴别面团的成熟度。即在调粉缸中取出一小块面团，观察有无水分及油脂外露。如果用手搓捏面团不粘手，软硬适度，面团上有清晰的手纹痕迹，当用手拉断面团时感觉稍有联结力和延伸力，不应有收缩现象，这证明面团的可塑性良好，已达到最佳程度。

(3)辊轧　面团调制后不需要静置即可轧片。一般以 3～7 次单向往复辊轧即可，也可以采用单向一次辊轧，压好的面片厚度为 2～4 mm，比韧性面团的面片厚。见图 2-2。

(4)成型　可以采用辊印成型方式，见图 2-3。

(5)烘烤　酥性饼坯炉温控制在 240～260℃，烘烤 3.5～5 min，饼干表面呈微红色为宜，控制成品含水率为 2%～4%。

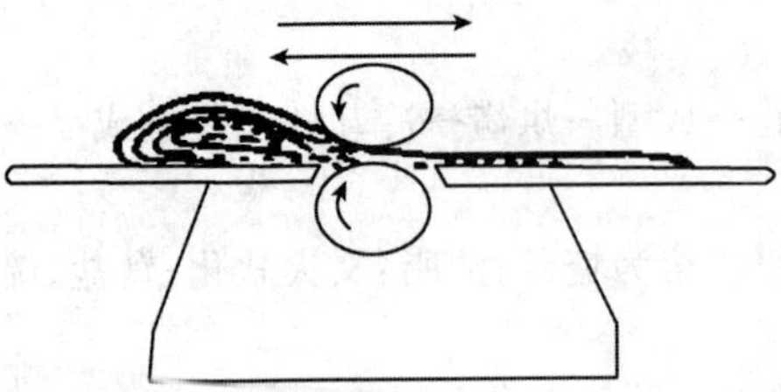

图 2-2 往复式压延机工作示意图

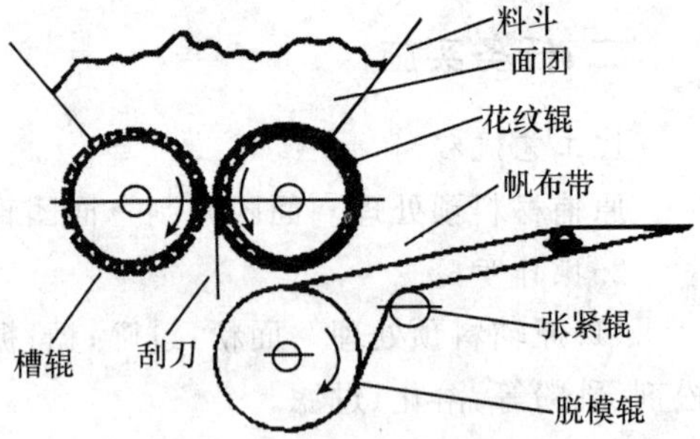

图 2-3 辊印成型运转示意图

(6)冷却 饼干出炉后应及时冷却，使温度降到 25～35℃，可采用自然冷却法。如果要加速冷却，可以采用机械吹风，但空气的流速不宜超过 2.5 m/s。

三、测定过程的注意事项

(1)面团调制时，夏季气温高，搅拌时间应缩短 2～3 min；面团温度要控制在 22～28℃。

(2)香精应在乳浊液调制成对的后期再加入，以便控制香味的过量挥发。

(3)面团调制均匀即可，不可以过度搅拌，以防止面团起筋。

四、考核评价

(一)实训操作标准

见表 2-1。

表 2-1 酥性饼干制作操作标准

序号	训练项目	工作内容	技能要求	满分 100 分
1	准备工作	(1)工作	能发现并解决卫生问题	5
		(2)备料	能进行原、辅料预处理	10
		(3)检查工器具	检查设备运行是否正常	5
2	面糊调制	(1)投料顺序	按照不同生产类型的饼干正常投料	10
		(2)面团调制	能根据不同产品工艺要求正确调制面团	10
3	面团辊轧	(1)辊轧的原理	正确掌握各种产品面团辊轧原理	10
		(2)操作要点	正确掌握各种饼干的面团辊轧要点	10
4	成型	(1)成型方式	熟练掌握各种成型方式	10
		(2)成型方式选择	根据不同类型的饼干正确的成型方式	10
5	烘烤	根据不同类型饼干控制好烘烤时工艺参数		10
6	冷却	掌握不同类型饼干冷却的条件和要求		5
7	包装	按照不同类型的饼干选择合适的包装材料		5

(二)考核要点及参考评分

饼干的品质评定包括色泽鉴别、形状鉴别、组织结构鉴别、气味和滋味鉴别等几个部分。现将各部分评分细则的办法说明如下,总分100分。见表2-2。

表2-2　酥性饼干制作考核要点及参考评分

产品分类	色泽鉴别 25分	形状鉴别 25分	组织结构鉴别 25分	气味和滋味鉴别 25分
酥性饼干	良质饼干:表面边缘和底部呈均匀的浅黄色到金黄色,无阴影,无焦边,有油润感。[25分]	良质饼干:块形整齐,薄厚一致,花纹清晰,不缺角,不便性,不扭曲。[25分]	良质饼干:组织细腻,有细密而均匀的小气孔,用手掰易折断,无杂质。[25分]	良质饼干:甜味纯正,酥松香脆,无异味。[25分]
	次质饼干:色泽不均匀,表面有阴影,又薄面,稍有异常颜色。[15~20分]	次质饼干:花纹不清晰,表面起泡,缺角,粘边,收缩,变形,但不严重。[15~20分]	次质饼干:组织粗糙,稍有污点。[15~20分]	次质饼干:口干紧实发良,不酥脆。[15~20分]
	劣质饼干:表面色重,底部色重,发花(黑黄不均)[10~15分]	劣质饼干:起泡,破碎严重。[10~15分]	劣质饼干:有杂质,发霉。[10~15分]	劣质饼干:有油脂酸败的哈喇味。[10~15分]

五、思考与练习题

(一)名词解释

1. 面团调制。
2. 面团的辊轧。

(二)填空

1. 面团的形成是一个复杂的(　　　　)和(　　　　)变化过程。
2. 饼干的成型方式主要有(　　　　)、(　　　　)、(　　　　)。
3. 韧性面团的辊压滚压次数为(　　　　)。
4. 饼干在烘烤时,一般经过(　　　　)、(　　　　)、(　　　　)和(　　　　)四个阶段。
5. 苏打饼干面团调制时加油量采用(　　　　)法。

【知识链接】

1. 饼干用的糖、油

一般用糖粉或将砂糖溶化为糖浆，过滤后使用。

普通液体植物油脂、猪油等可以直接使用；奶油、人造奶油、椰子油等油脂在低温时硬度较高，可以用搅拌机搅拌使其软化或放在暖气管旁加热软化。

2. 磷脂

磷脂是一种很理想的食用天然乳化剂，配比量一般为油脂用量的5%～15%，用量过多会使制品产生异味。

3. 疏松剂

韧性饼干生产中一般都采用混合疏松剂(小苏打和碳酸氢铵两者配合)，总配比量约为面粉的1%。

4. 风味料(乳品、食盐、鸡蛋等)

能提高产品的营养价值，改善口感，适量配入。

5. 香料

在饼干生产中都采用耐高温的香精油，如香蕉、橘子、菠萝、椰子等香精油，香料的用量应符合食品添加剂使用标准的规定。

6. 影响酥性面团调制的主要因素

(1)油脂用量，一般糖的用量可达面粉的32%～50%，油脂用量更可达40%～50%或更高一些。

(2)加水量和软硬度，含水量一般控制在16%～18%。

(3)调粉温度，温度应控制在20～26℃之内，冬季面团的温度可以比此温度稍高2～3℃。

(4)调粉时间和静置时间。

任务二 曲奇饼干的制作

【知识目标】

了解和掌握曲奇饼干生产的原理、工艺流程和制作方法。

【能力目标】

掌握曲奇饼干的特性和有关食品添加剂的作用及使用方法。

一、任务准备

1. 材料

糕点粉 8 kg、黄油 6 kg、白砂糖 3 kg、鸡蛋 3 kg、香草精少量。

2. 仪器(设备)

电磁炉、喷水器、调粉机、饼干成型模具、远红外烤箱、烤盘、搅拌器、台秤(电子秤)、粉筛、布裱花袋、花嘴、拼面杖、油纸、蛋扦等。

二、任务实施

1. 工艺流程

原辅料预处理→调粉→成型→焙烤→冷却→包装。

2. 配方

糕点粉 40%,黄油 30%,白砂糖 15%,鸡蛋 15%,香草精(少量)。

3. 操作要点

(1)在较高温度下,用蛋扦将黄油溶化。

(2)加入糖,搅拌均匀。

(3)将鸡蛋一个接一个打入(打入一个,搅匀一个)。

(4)倒入香精(几滴)。

(5)加入面粉,用木板拌匀(注意:只要拌匀即可,不要用力,否则会上筋)。

(6)烤盘刷油(不能太多,否则会打滑)。

(7)用裱花袋在烤盘做成"S"形曲奇饼干。

(8)入烤箱:温度 200℃;时间 10 min。

三、测定过程的注意事项

(1)曲奇面团由于辅料用量很大,调粉时加水量甚少,因此一般以白砂糖为主。

(2)因油脂量较大,因此不仅不能使用液态油脂,而且还要求使用固态油脂时和面的温度保持在 19～20℃,以保证面团中油脂呈凝固状态,防止面团中油脂因流散度过大而造成"走油"。

(3)在加工过程中一般不需静置和压面,调粉完毕后可直接进入成型工序。

四、考核评价

见表 2-3。

表 2-3 曲奇饼干考核要点及参考评分

项目	要求	满分(100分)
色泽	优良饼干:表面呈乳白色至浅黄色,起泡处颜色略深万底部金黄	25
	次质饼干:色彩稍深或稍浅,分布不太均	15～20
	劣质饼干:表面黑暗或有阴影,发毛	0～15
形状鉴别	优良饼干:片形整齐,表面无生粉	25
	次质饼干:有部分破碎,片形不太平	15～20
	劣质饼干:片形不整齐,缺边,缺角严重	0～15
组织结构	优良饼干:无杂质,无油污	25
	次质饼干:无杂质	15～20
	劣质饼干:有油污,有杂质,发霉变质	0～15
气味和滋味	优良饼干:口感酥松香脆,具有曲奇饼干固有的风味,无异味	25
	次质饼干:食之发艮或绵软,特有的曲奇饼干味道不明显,无异味	15～20
	劣质饼干:因油脂酸败而带有哈喇味	0～15

五、思考与练习题

(一)选择题

1.下列哪一项与产品品质鉴定无关(　　)。

A.表皮颜色　　B.体积　　C.组织　　D.价格

2.(　　)饼干用面粉若酸度偏高时,配方中应提高。

A.小苏打　　B.水　　C.氧化剂　　D.油脂的用量

3.在面制食品加工中要求面粉蛋白质含量高且筋力强的产品为(　　)。

A.饼干　　B.糕点　　C.馒头　　D.面包

(二)简述

1.饼干面团辊轧的定义及其作用。

2.饼干面团形成的基本过程?

【知识链接】

(一)饼干粘底

1.产生的原因

(1)饼干过于疏松,内部结合力差。

(2)饼干在烤炉后区降温时间太长,饼干坯变硬。

2. 解决办法

(1)减少膨松剂的用量。

(2)烤炉后区与中区温差不应太大,后区降温时间不能太长。

(二)饼干凹底

1. 产生的原因

(1)饼干胀发程度不够。

(2)饼干上针孔太少。

(3)面团弹性太大。

2. 解决办法

(1)增加膨松剂的用量,特别是小苏打的用量。

(2)在模具上增加打孔器。

(3)增加面团改良剂的用量或增加调粉时间,并适量添加淀粉。

(三)饼干收缩变形

1. 产生的原因

(1)在面带压延和运送过程中面带绷得太紧。

(2)面筋筋力过强,面团弹性过大,造成饼干僵硬。

(3)面带始终沿同一方向压延,收起面带张力不匀。

2. 解决办法

(1)调整面带,在经第二和第三对辊轧时要有一定下垂度,帆布带或钢带在运面带时应保持面带呈松弛状态。

(2)可适当增加面团改良剂的用量或增加调粉时间,并适量添加淀粉。

(3)在辊轧过程中将面带折叠时不断转换 90°方向。

(四)饼干起泡

1. 产生的原因

(1)烤炉前区温度太高,尤其面火温度太高。

(2)面团弹性太大,在烘烤时面筋挡住气体通道,而引起表面起泡。

(3)膨松剂分布不匀。

(4)辊轧时面带上撒粉太多。

2. 解决办法

(1)控制烤炉温度,不可一开始就很高温度,面火要逐渐提高。

(2)降低面团弹性,并用带较多针的模具。

(3)注意使膨松剂分布均匀,对已结块的膨松剂应粉碎后再用。

(4)尽量不撒粉或应控制撒粉量。

(五)饼干不上色

1. 产生的原因

可能是配方中含糖量太少。

2. 解决办法

可增加转化糖或饴糖用量。

(六)饼干冷却后仍发软、不松脆

1. 产生的原因

(1)饼干厚而炉温太高,烘烤时间短,造成皮焦里生,内部残留水分太多。

(2)烤炉中后段排烟管堵塞,排气不畅,造成炉内温度太高。

2. 解决办法

(1)应控制饼干厚度,适当调低炉温,增加烘烤时间,使成品饼干含水量小于6%。

(2)应保持排汽畅通,排烟管保温,使出口温度不低于100℃,以免冷凝水倒流入炉内。

任务三　韧性饼干的制作

【知识目标】

掌握韧性饼干生产的工艺流程和制作方法,掌握韧性饼干的特性。

【能力目标】

掌握韧性饼干的特性和有关食品添加剂的作用及使用方法。

一、任务准备

1. 材料

面粉、淀粉、砂糖、疏松剂、油脂、水、饴糖、盐、香精。

2. 仪器(设备)

搅拌机、小型多用饼干成型机、烤箱、烤盘、面盆、台秤、面筛、研钵、压片机、打蛋机、切刀、挤浆布袋等。

二、任务实施

1. 配方

标准粉 45 kg，淀粉 5 kg，磷脂 0.5 kg，碳酸氢铵 0.2 kg，砂糖 15 kg，精盐 0.2 kg，饴糖 2 kg，香蕉香精油 88 mL，植物油 3.8 kg，精制油 6 kg，小苏打 0.3 kg，水适量。

2. 操作步骤

(1)面团的调制　先将糖、油脂、乳、蛋等辅料与热水或热糖浆在调粉机内搅拌均匀，再加小麦粉进行面团的调制。如果使用改良剂，则应在面团初步形成时（调制 10 min 后）加入。然后在调制过程中分别加入疏松剂与香精，继续调制。前后 25 min 以上，即可调制成韧性面团。

(2)静置　韧性面团调制成熟后，必须静置 10 min 以上，以保持面团性能稳定，才能进行辊轧操作。

(3)辊轧

①手工法如图 2-4 所示在面案上辊压。

②机械法则用往复式压片机，韧性面团辊轧次数一般为 9～13 次，辊轧时多次折叠并旋转 90°。

通过辊轧工序以后，面团被压制成厚薄均匀、形态平整、表面光滑、质地细腻的面带。

图 2-4　辊轧

(4)成型　经辊轧工序轧成的面带，经冲印或辊切成型机制成各种形态的饼坯。

(5)烘烤　韧性饼坯的烘烤炉温在 240～260℃，烘烤时间 3.5～5 min，达到成品含水率为 2%～4%。

(6)冷却　烘烤完毕的饼干，其表面层与中心部位的温度差很大，外表温度高，内部温度低，热量散发迟缓。为了防止饼干出现裂缝与外形收缩，必须冷却后再包装。

三、测定过程的注意事项

(1)韧性面团温度的控制。冬季室温 25℃左右，可控制在 32～35℃；夏季室温 30～35℃时，可控制在 35～38℃。

(2)韧性面团在辊轧以前，面团需要静置一段时间，目的是消除面团在搅拌期间因拉伸所形成的内部张力，降低面团的黏度与弹性，提高制品质量与面片工艺性能。静置时间的长短与面团温度有密切关系，面团温度高时，静置时间短；温度低时，静置时间长。一般要静置 10～20 min。

(3)当面带经数次辊轧，可将面片转 90°，进行横向辊轧，使纵横两方向的张力尽可能地趋于一致，以便使成型后的饼坯能保持不收缩、不变形的状态。

(4)在烘烤时，如果烘烤炉的温度高，可以适当地缩短烘烤时间。炉温过低、过高都能影响成品质量，如过高容易烤焦，过低使成品不熟、色泽发白等。

四、考核评价

见表 2-4。

表 2-4 饼干感官要求(以酥性饼干和韧性饼干为例)

产品	形态	色泽	滋味与口感	组织
酥性饼干	形态完整，花纹清晰，厚薄基本一致，不收缩，不变形，不起泡，无裂痕，不应有较大或较多的凹底	呈棕黄色或金黄色或品种应有的色泽，色泽基本均匀，表面略带光泽，无白粉，不应有过焦、过白的现象	具有品种应有的香味，无异味，口感酥松，不粘牙	断面结构呈多孔状，细密，无大孔洞
韧性饼干	外形完整，花纹清晰或无花纹，一般有针孔，厚薄基本均匀，不收缩，不变形，无裂痕，可以有均匀泡点，不应有较大或较多的凹底	呈棕黄色或金黄色或品种应有的色泽，色泽基本均匀，表面有光泽无白粉，不应有过焦、过白的现象	具有品种应有的香味，无异味，口感松脆细腻，不粘牙	断面结构有层次或呈多孔状

五、思考与练习题

(一)判断题(正确的请打“√”，错的打“×”)

1. 韧性饼干面团弹性大，烘烤时易于产生表面起泡现象，所以必须在饼坯上冲有针孔。( )

2. 饼干一般可分为 12 类。( )

3. 酥性面团必须经过面团的辊压。( )

4. 韧性面团不需要经过辊压。( )

5. 面头的加入可以在面团调制和成型是加入。( )

6. 苏打饼干面团调制时加油和加盐应采用二次加入法。( )

7. 苏打饼干面团调制时可以加入大量的糖。( )

8. 调制酥性面团应先投入面粉，再投入其他辅料。( )

9. 韧性面团可以不经过静置就成型。( )

（二）简述

1.为什么好多韧性饼干上有针孔？

2.韧性面团调制完毕，为什么必须静置？

3.某家饼干生产厂生产苏打饼干，当苏打饼干从隧道式烤炉中随着链条式传送带送出时，为了缩短苏打饼干的生产周期，该厂家用流速为 10 m/s 的强风快速冷却产品。试分析一下该企业采用强风来冷却苏打饼干这一做法是否正确，并解释其原因。

【知识链接】

1.韧性面团的调制要求

要调得软一些，面团具有较强的延伸性和适度的弹性，柔韧而光滑，并有一定的可塑性。这种面团制成的饼干胀发率比酥性饼干大，容重较轻，口味松脆。

2.韧性面团的调制要分两个阶段来控制

第一阶段是使面粉吸水，充分胀润，形成面筋；

第二阶段是要使已经形成的面筋在搅拌机的搅拌下不断拉伸撕裂，使其逐渐超越弹性限度而使弹性降低。

3.调粉完毕的重要标志

手感面团回软，即面团中蛋白质网络被破坏，面筋量逐步降低，面筋所吸收的水分部分地析出而使面团变得柔软，面团弹性显著减弱。

4.调制好韧性面团，应注意以下几个方面

(1)正确使用淀粉原料 5%～10%填充剂。

(2)控制面团的温度 38～40℃。

(3)添加改良剂——调节面筋胀润度。

(4)掌握面团的软硬度含水量应保持在 18%～21%。

(5)面团的静置措施(15～20 min)。

(6)面团的终点判断。

5.辊轧的作用

(1)辊轧可以排除面团中的部分气泡，防止饼干坯在烘烤后产生较大的孔洞。

(2)可以提高面团的结合力和表面光洁度，可以使制品横断面有明晰的层次结构。

(3)使弹性减弱。

实训项目三　蛋糕加工综合实训

【知识目标】

以校内实训基地为任务载体，对学生进行训练，了解蛋糕的分类和产品特点；了解物理膨松面团的膨松原理和面团调制方法。

掌握主要蛋糕制品的加工工艺流程和操作要点，了解蛋糕制品加工的新技术。

【能力目标】

能独立完成蛋糕制品的加工过程。

具有饼干生产方面分析、解决问题的能力。

在食品资源利用、产品开发和食品安全评价方面具有一定的能力。

任务一　油脂蛋糕制作

【知识目标】

掌握蛋糕制作的工艺流程，记住蛋糕制作过程中的操作要素，掌握蛋糕的配料。

【能力目标】

会使用蛋糕制作中使用的仪器和设备，能正确评价蛋糕的质量。

一、任务准备

1. 材料

鸡蛋、白砂糖、色拉油、泡打粉、低筋面粉、水、香兰素。

2.仪器(设备)

食品搅拌机(打蛋机)、远红外线电烤炉、烤盘、蛋糕烤模、台秤、面筛(100 目)、不锈钢盆、模具、塑料袋、封口机。

二、任务实施

1.工艺流程

原料称重→鸡蛋液、白砂糖→高速搅打起泡→加面粉拌匀→浇模→放入烤盘→180℃烘烤(烤箱预热 180℃)→出炉→脱模→冷却→包装→成品。

2.配方

鸡蛋 500 g(1 500 g/组),低筋面粉 400 g,白砂糖 400 g,水 15 g,色拉油 25 g,香兰素少许(0.01%~0.05%),泡打粉适量(10 g)。

注:调制面糊时,可加入少许泡打粉,使膨松效果更好,这样面团就成了化学膨松面团;加入的白糖量可根据需要略作调整。

3.操作要点

(1)打蛋　鲜鸡蛋去壳后,加糖在打蛋机中混合,使糖粒基本溶化,再用高速搅打至蛋液呈乳白色,有泡沫出现,加少许水、香兰素继续搅打至泡沫稳定、呈黏稠状时停止(以搅打痕迹在停止搅打后尚能停数秒针才下沉为最佳)。打发的程度比原容积增加 1.5~2 倍,时间为 15~25 min。

(2)调糊　将泡打粉、小麦粉低筋粉（或中筋粉掺 20%左右的玉米淀粉）一起过筛,再将泡打粉、小麦粉低筋粉小心地拌入蛋浆至无粉块即可。

(3)注模　将调好的蛋糊注入已涂过油的烤模中,高度约占烤模的 2/3。

(4)烘烤　将注入蛋糊的烤盘放入已预热到 180℃的烤箱中烘烤。采用先低温后高温的烘烤方法,开始底火温度高,至 10 min 左右加大面火温度,炉温为 180~220℃,烘烤时间为 15~20 min,烘烤至棕黄色即成。

(5)冷却　烘烤结束后立即取出,出炉后稍冷却,然后脱模,再继续冷却,包装。

三、测定过程的注意事项

(1)蛋液的打发程度为比原容积增加 1.5~2 倍,打蛋速度和时间应根据蛋的品质和温度而异,蛋的黏度低,气温高,转速快些,时间短些;反之时间长些。打蛋温度一般在 25℃左右,时间 20 min 左右。

(2)面粉宜采用低筋粉,如果没有低筋粉,可用等量的玉米淀粉代替部分面粉。使用的鸡蛋要新鲜。

(3)无论机器或人工打蛋,都要顺着一个方向搅打，有利于空气顺序而均匀地吸入。打蛋时，蛋液必须和糖一起搅打，糖的加入能使蛋白膜黏稠而富有弹性，不易破裂，提高了泡沫的稳定性。

四、考核评价

(一)实训操作标准

见表 3-1。

表 3-1 油脂蛋糕制作操作标准

序号	训练项目	工作内容	技能要求	满分 100 分
1	准备工作	(1)工作	能发现并解决卫生问题	5
		(2)备料	能进行原、辅料预处理	5
		(3)检查工器具	检查设备运行是否正常	5
2	面糊调制	(1)配料	能按产品配方计算出原辅料实际用量	10
		(2)搅拌	能根据产品配方和工艺要求解决搅拌过程中出现的一般问题	5
		(3)调制	能使用 5 种方法进行调制(见理论书)	10
3	装盘(装模)	(1)涂油	烤盘内壁涂一层薄薄的油层，戚风蛋糕不涂	5
		(2)垫纸或撒粉	在涂过油的烤盘上垫上白纸，或撒上小麦粉，以便于出炉后脱膜	
		(3)面糊的装载	蛋糕面糊的装载量应与蛋糕烤盘大小相一致	10
4	烘烤	(1)考前准备	面糊调制前将烤箱预热	10
		(2)蛋糕在烤箱中的排列	烤盘尽可能放置在烤箱中心部分，烤盘各边不应与烤箱壁接触	5
		(3)烤箱温度与时间控制	在烘烤操作时灵活控制好温度和时间，另外根据含糖量和其他材料的不同来控制，以及烤箱自身的条件来控制	10
		(4)蛋糕成熟检验	检测时可用手指轻轻按蛋糕表面或将牙签轻轻插入，若表面硬实则应再烤一下，反之则说明已烤好，应立即取出	10
5	冷却	油蛋糕烤熟后，应留置在烤箱内 10 min 左右，热度散去后取出，制作好的蛋糕最好放置在冰箱储存		5
6	成品	制作好的蛋糕可根据自己的需要存放好		5

(二)考核要点及参考评分

蛋糕的品质评定包括体积、表面颜色、外表式样、焙烤均匀程度、表皮质地、颗粒、内部颜色、香味、味道、组织结构等几部分。一个标准的蛋糕很难达到95分以上,但最低不可低于85分。现将内外两部分各细则评分的办法说明如下,其各部分评分细则及要求都详细列出,总分100分。见表3-2。

表3-2　油脂蛋糕考核要点及参考评分

	项目	要求	满分100分
蛋糕外部评分	(1)体积	烤熟的蛋糕必须要膨胀至一定的程度。膨胀过大,会影响到内部组织,使面包多孔而过分松软;如膨胀不够,会使组织紧密,颗粒粗糙	10
	(2)表皮颜色	蛋糕表皮颜色是由于适当的烤炉温度和配方内糖的使用而产生的,正常的表皮颜色应是棕黄色或金黄色	10
	(3)外表形状	蛋糕成品形态要规范,厚薄都一致,无塌陷和隆起,不歪斜	10
	(4)焙烤均匀程度	蛋糕应具有金黄的颜色,顶部稍深而四周及底部稍浅。如果出炉后的蛋糕上部黑而四周及底部呈白色的,则这块蛋糕一定没有烤熟;相反,如果底部颜色太深而顶部颜色浅,则表示烘焙时所用的底火太强,这类蛋糕多数不会膨胀得很大,而且表皮很厚,韧性太强	10
	(5)表皮质地	良好的蛋糕表皮应该薄而柔软	10
蛋糕内部评分	(1)颗粒	蛋糕的颗粒是指断面组织的粗糙程度、面筋所形成的内部网状结构,焙烤后外观近似颗粒的形状。此颗粒不但影响蛋糕的组织,更影响面包的品质。烤好后蛋糕内部的颗粒也较细小,富有弹性和柔软性,面包在切片时不易碎落	20
	(2)内部组织	组织细密,蜂窝均匀,无大气孔,无生粉,无糖粒,无疙瘩等,无生心,富有弹性,膨松柔软	10
	(3)口感	入口绵软甜香,松软可口,有纯正蛋香味,无异味	10
卫生	成品内外无杂质,无污染,无病菌		10

（三）实训评分

见表 3-3。

表 3-3 油脂蛋糕制作实训评分

1	实训操作工作作风	(1)在实训过程中出满勤 (2)工作态度认真，具有团队合作精神	10 10
2	实训报告	总结内容全面，比较深刻	30
3	实训操作总分	占实训操作标准评分 30%	30
4	产品考核要点总分	占产品考核要点及参考评分 20%	20
	实训总分		满分为 100 分

（四）考核方式

实训地现场操作。

五、思考与练习题

（一）填空

1. 按照蛋糕用料和制作工艺，蛋糕可分为（　　　）、（　　　）、（　　　）3 类。

2. 油脂在蛋糕中的作用主要包括（　　　）、（　　　）、（　　　）。

3. 塔塔粉化学名称叫作（　　　）是制作（　　　）必不可少的原材料之一。

4. 海绵蛋糕制作时常用的乳化剂制品是（　　　）和（　　　）。

5. 蛋糕在烘烤过程中一般会经历（　　　）、（　　　）、（　　　）和（　　　）4个阶段。

6. 蛋糕用于膨松充气的原料主要是（　　　）和（　　　）。

7. 油脂蛋糕的档次主要取决于（　　　）的（　　　）和（　　　）。

（二）问答题

1. 打戚风蛋糕时，塔塔粉的作用是什么？

2. 为什么在夏天或冬天都会出现蛋糕面糊打不起的现象？

【知识链接】

1. 干湿平衡

指干性材料需要一定量的湿性材料来润湿才能 调糊，才能保证产品品质。忌湿料不足或过多。

干性材料：面粉，淀粉，可可粉，奶粉。

湿性材料：水，牛奶，鸡蛋，液态糖。

2. 软硬平衡

指配方中的硬性材料增加时，也应相应增加软性材料的量。忌柔性材料不足或过多。

硬性材料：面粉，鸡蛋的蛋白。

软性材料：糖、油、疏松剂、蛋黄。

3. 烤熟的判断(上色定型前严禁打开炉门)

探针法：竹签插入，抽出后无面糊黏附。

眼试法：蛋糕本体回缩，脱离模具。

手触法：按压有弹性，不留下任何痕迹。

任务二　海绵蛋糕(清蛋糕)的制作

【知识目标】

掌握海绵蛋糕的生产工艺流程和制作方法，以及清蛋糕和油蛋糕的区别。了解物理膨松面团的原理。

【能力目标】

学会海绵蛋糕的制作，烤制方法。

一、任务准备

1. 材料

面粉、砂糖、饴糖、鸡蛋、香精。

2. 仪器(设备)

搅拌机(打蛋机)、烤箱、烤盘、蛋糕烤模、台秤、面筛(100 目)、不锈钢盆、模具、塑料袋、封口机。

二、任务实施

1. 配方

鸡蛋 2 kg，中筋粉 1 kg，砂糖 1 kg，香精适量。

2. 工艺流程

白砂糖、饴糖 → 打蛋浆；面粉 → 过筛 → 调糊

鸡蛋→去壳→蛋液→打蛋浆→调糊→浇模→烘烤→涂面油→成品

3. 操作步骤

(1)打蛋浆　先把鸡蛋和糖放入搅拌机内，启动搅蛋机，经高速搅拌，使空气大量混入蛋液、糖充分溶化，形成饱和稳定的泡沫黏稠胶体。为使蛋的打发度更好，在蛋液搅拌 3～5 min 后加入一定量的速发蛋糕油(用量为面粉含量的 3%～5%)，继续搅拌使蛋浆泡发基本完成时加入适量温水，再继续搅打约 2 min。

(2)调糊　面粉先过筛，如需用泡打粉，则将泡打粉预先与面粉拌匀。调糊最好两个人协同操作，一个人将面粉慢慢加入，另一个人不断搅拌蛋液，使面粉均匀地混入蛋浆内。调糊蛋浆的时间不宜过长，只要把面粉和匀，不见生粉团粒即可。最后调入香精。

(3)浇模　蛋浆调糊结束后，应立即浇模，不可久置。蛋糕浇模一般都是用铁皮模，在使用前涂上一层植物油或猪油。入模方法一般是用勺装入模或用裱花袋将蛋糊挤入模内，大批量生产也有用注料机的。注入模具内的蛋糊量在 7～8 成，不可太满。如需要在表面撒果仁、蜜饯等，应在入炉时撒上，过早撒放易沉下。

(4)烘烤　烘烤蛋糕进炉温度可在 160～180℃，10 min 后升至 180～200℃，出炉温度在 200～220℃。炉温控制要求一般是：蛋糕规格大而厚时，炉温可适当低一些，烘烤时间长一些，反之，炉温可适当高一些，烘烤时间短一点。蛋糕在炉内定型前处于半流体状态，烤盘不能随意振动，以免"走气"，造成蛋糕中心下陷。

蛋糕出炉后可在表面刷上一层食用植物油，使之光滑油亮，同时也具有一定的保湿和防止微生物生长的作用。

三、测定过程的注意事项

(1)无论机器或人工打蛋，都要顺着一个方向搅打，有利于空气顺序而均匀地吸入。打蛋时，蛋液必须和糖一起搅打，糖的加入能使蛋白膜黏稠而富有弹性，不易破裂，提高了泡沫的稳定性。

(2)油脂有消泡作用，能使气泡破裂，影响起发，因此打蛋时蛋液、搅打工具和容器不能沾油。

(3)蛋糊打好后，进行调粉(拌粉)制成蛋糕糊，小麦粉应预先过筛以打散其中的团块，也能混入一部分空气。如需使用发粉，可以先与小麦粉混合。操作时，要轻轻

地混合均匀，机器开慢档，如搅拌速度快，时间过长，面粉容易起筋，制品内部存在无孔隙的僵块，外表不平。最后，调制出的蛋糕糊要均匀，无白粉块存在，又不能起筋。

四、考核评价

1. 色泽

标准的蛋糕表面应呈金黄色，内部为乳黄色（特种风味的除外），色泽要均匀一致，无斑点。

2. 外形

蛋糕成品形态要规范，厚薄都一致，无塌陷和隆起，不歪斜。

3. 表皮

柔软。

4. 内部组织

组织细密，蜂窝均匀，无大气孔，无生粉、糖粒等疙瘩。

5. 口感

入口绵软甜香，松软可口。

五、思考与练习题

（一）判断题

1. 塔塔粉在蛋糕制作时，其功能是调整蛋糕内部的酸碱度。（　）
2. 烘烤中的蛋糕，若以手轻按表面，有弹性感，即表示已烤热，可出炉。（　）
3. 蛋糕体积之大小，组织之松软性，与面糊拌入空气量有关。（　）
4. 海绵类蛋糕与天使蛋糕同属面糊类蛋糕，并使用发粉作为膨大剂。（　）
5. 蛋糕烘烤后趁热包装有利于蛋糕保藏。（　）
6. 淀粉在蛋糕生产中起稀释作用。（　）
7. 打发蛋白时添加之塔塔粉是一种碱性盐。（　）

（二）问答题

1. 在海绵蛋糕中加入色拉油，其目的是什么？
2. 清蛋糕生产中，鸡蛋的作用是什么？

【知识链接】

1. 蛋白搅打4阶段

起泡期—湿性发泡期—干性发泡期—棉花期

2.蛋糕的膨松原理

(1)蛋糕的膨松主要是物理性能变化的结果。经过机械搅拌,使空气充分混入坯料中,经过加热,空气膨胀,坯料体积疏松而膨大。

(2)蛋糕用于膨松充气的原料主要是蛋白和奶油(又称黄油)。

3.蛋糕的分类

按照蛋糕用料和制作工艺分类:

(1)乳沫类——又叫清蛋糕。

(2)面糊类——又叫油蛋糕。

(3)戚风类——又叫戚风蛋糕。

4.烘烤

(1)蛋糕焙烤的炉温一般在200℃左右。

(2)油蛋糕的烘烤温度为160～180℃。

(3)清蛋糕的烘烤温度为180～200℃,烘烤时间10～15 min。

(4)蛋糕在烘焙过程中一般会经历胀发、定型、上色和熟化4个阶段。

(5)戚风蛋糕烘烤前,模具(或烤盘)不能涂油脂,这是因为戚风蛋糕的面糊必须借助黏附模具壁的力量往上膨胀,有油脂也就失去了黏附力。

任务三　戚风蛋糕的制作

【知识目标】

掌握戚风蛋糕的生产工艺流程和制作方法,以及清蛋糕和油蛋糕的区别。了解物理膨松面团的原理。

【能力目标】

学会戚风蛋糕的制作,烤制方法。会操作戚风蛋糕的卷制方法。

一、任务准备

1.材料

低筋粉、鸡蛋、白糖、油脂、塔塔粉、泡打粉。

2.仪器(设备)

打蛋器、烤箱、烤盘、蛋糕烤模、台秤、面筛(100目)、不锈钢盆、模具、塑料袋、封口机、切刀、白纸。

二、任务实施

1.配方

全蛋:3 kg

蛋黄部分:白糖 0.2 kg,低筋粉 1.1 kg,泡打粉 0.02 kg,沙拉油 0.5 kg,水 0.5 kg,盐 0.01 kg。

蛋白部分:白糖 0.8 kg,塔塔粉 0.02 kg。

2.操作步骤

(1)蛋黄糊制作 蛋黄和白糖 0.2 kg 搅打至白糖溶化且蛋黄液呈乳白色时,再分多次加入色拉油 0.5 kg 和清水 0.5 kg 搅拌均匀,然后放入过筛后的面粉 1.1 kg、泡打粉 0.02 kg 和精盐 0.01 kg,轻轻搅拌均匀。见图 3-1。

(2)蛋白搅打 蛋白投入另一缸中,加入塔塔粉,中速搅打到蛋白呈粗泡沫状且颜色发白时,慢慢加入 0.8 kg 白糖,继续搅打至蛋白呈软峰状(即蛋白膏的峰尖挺立不下垂)并硬性发泡。见图 3-2。

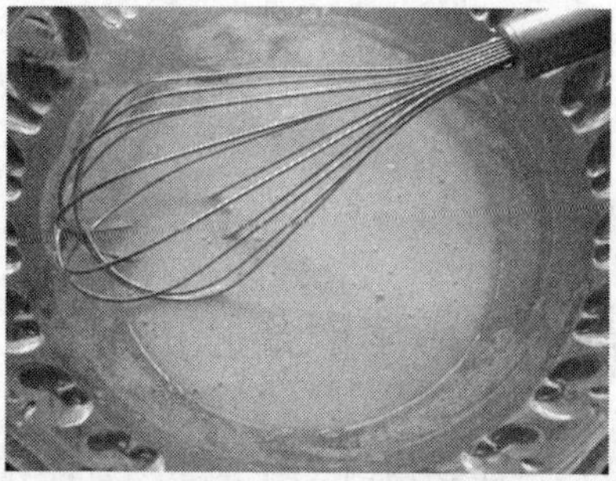

图 3-1 蛋黄糊制作

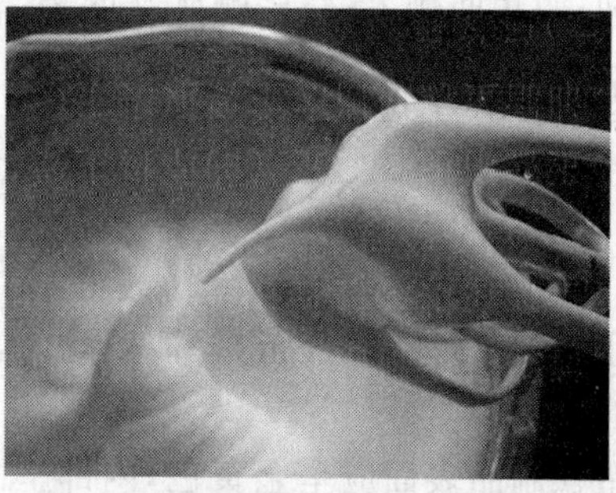

图 3-2 蛋白搅打

图 3-3 混合

(3)混合 取 1/3 搅好的蛋白放入蛋黄糊中,拌匀后再投入到剩余的 2/3 的蛋白液中,用手拌和时,手掌面朝上,把面糊由上而下轻轻拌和,不可左右旋转用力过猛,勿搅拌过久。见图 3-3。

(4)入模 按规格要求入模。一般填充模具的七八成为宜。

(5)烘烤 面火大,底火小,一般 165～175℃,烤 40 min 左右。

(6)冷却 蛋糕出炉后,马上翻转放置,防止烤盘中热气散发过慢使蛋糕收缩变形,冷却后脱模。

(7)在冷却后的蛋糕坯上涂一层奶油。

(8)卷成圆筒形的卷。

(9)用具刀切成型。

(10)成品。

三、测定过程的注意事项

(1)搅拌蛋黄糊时,注意投料顺序,避免产生粉块。

(2)模盘中不可抹油,入模面糊不要超过六成。

(3)调制好的蛋糕糊要及时使用,不要放置过久,因胀润后的粉粒和溶化的糖粒相对密度大于蛋液,容易下沉,发生如下现象:上层制品体积大而轻,下层制品体积小而重,俗称“沉底现象”。在气温高时更容易发生这种现象,要求面糊调好后及时入模烘烤或蒸制。

(4)面糊入炉前,烤炉要预热到所需要的烘烤温度。烘烤过程中,要避免剧烈地震动,防止面糊下陷,影响胀发成熟。

四、考核评价

(一)感官鉴定

1.形态

蛋糕制品形态要规范,厚薄要均匀,无塌陷和隆起(平整、端正、圆整)。

2.色泽

蛋糕制品表面应呈金黄色,内部呈微黄色,色泽要均匀一致。

3.组织

蛋糕制品的糕坯不发黏,膨松适度,气孔均匀而有弹性,无面粉、糖、蛋疙瘩。

4.口味

蛋糕制品应松软可口,甜味适度,有蛋糕香味。

5.卫生

制品内外无杂质、无污染、无异味。

6.质感

细腻、有弹性、气孔小,糕坯不发黏,像海绵一样。

(二)卫生指标

(1)无杂质、无霉变、无虫害、无污染。

(2)砷(mg/kg)≤0.5。

(3)铅(mg/kg)≤0.5。

(4)食品添加剂按 GB 2760—2007 规定。

(5)细菌指标 细菌总数:出厂(个/g)≤750;

销售(个/g)≤1 000;

大肠细菌(个/100 g)≤30。

致病菌(系指肠道致病菌及致病性球菌)不得检出。

五、思考与练习题

(一)选择题

1. 塔塔粉是属于(　)。

A. 中性盐　B. 碱性盐　C. 酸性盐　D. 低碱性盐

2. 乳化剂在蛋糕内的功能是(　)

A. 使蛋糕风味佳　B. 使面包柔软不易老化

C. 防止面包发霉　D. 促进酵母活力

3. 下列何种产品一定要使用高筋面粉(　)。

A. 海绵蛋糕　B. 比萨饼　C. 白面包　D. 天使蛋糕

4. 槭风类蛋糕其膨大的最主要因素是(　)。

A. 蛋白中搅拌入空气　B. 塔塔粉

C. 蛋黄面糊部分的搅拌　D. 水

5. 下列烤箱最适合烘焙蛋糕类产品的是(　)。

A. 旋转式烤箱　B. 箱型烤箱

C. 旋风式烤箱　D. 隧道式烤炉

(二)简答题

1. 试述蛋糕生产中强性原料有哪些?弱性原料有哪些?调节强弱平衡的原则是什么?

2. 简答蛋糕烘烤的目的。

【知识链接】

(一)出现蛋糕面糊搅打不起的现象

见表 3-4。

表 3-4 蛋糕面糊搅打不起的原因分析及解决办法

原因分析	解决办法
因为蛋清在17～22℃的情况下，其胶黏性维持在最佳状态，起泡性最好，温度太高或太低均不利于蛋清的起泡。蛋清温度过高，蛋清变得稀薄，胶黏性减弱，无法保留打入的空气；如果温度过低，蛋清的胶黏性过大，在搅拌时不易拌入空气，所以会出现浆料搅打不起发现象	夏天可先将鸡蛋放入冰箱冷藏至合适温度，而冬天则要一边搅拌面糊一边在缸底加温水升温，以便达到合适的温度

（二）蛋糕在烘烤的过程中出现下陷和底部结块现象

见表3-5。

表 3-5 下陷和底部结块原因及解决办法

原因分析	解决办法
1.冬天相对容易出现，因为气温低，部分材料不易溶解	尽量使室温和材料温度达到平衡
2.配方不平衡	配方要平衡和掌握好
3.鸡蛋不新鲜，搅拌过度，充入空气太多	鸡蛋保持新鲜，在搅拌时注意别打过度
4.面糊中柔性材料太多，如糖和油的用量太多	注意材料配比平衡
5.面粉筋力太低，或烤时炉温太低	不要用筋力太低的面粉，特别是掺淀粉的时候注意
6.蛋糕在烘烤中尚未定型，因受震动而下陷	蛋糕在进炉后的前12 min不要开炉门和受到震动

（三）蛋糕膨胀体积不够

见表3-6。

表 3-6 蛋糕膨胀体积不够原因及解决办法

原因分析	解决办法
1.鸡蛋不新鲜，配方不平衡，柔性材料太多	尽量使用新鲜鸡蛋，注意配方平衡
2.搅拌时间不足，浆料未打起	搅拌要充分，使面糊达到起发标准
3.加油的时候搅拌得太久，使面糊内空气损失太多	注意加油时不要一下倒入，拌匀为止
4.面粉筋力过高，或慢速拌粉时间太长	如面粉筋力太高可适当加入淀粉搭配
5.搅拌过度，面粉稳定性和保气性下降	打发好为止，不要长时间地搅拌
6.面糊装盘数量太少，未按规定比例装盘	装盘分量不可太少，要按标准
7.进炉时炉温太高，上火过大，使表面定性太早	进炉炉温避免太高

（四）蛋糕表面出现斑点

见表 3-7。

表 3-7 出现斑点原因及解决办法

原因分析	解决办法
1. 搅拌不当，部分原料未能完全搅拌溶解和均匀	快速搅拌之前一定要将糖等材料完全拌匀溶解
2. 泡打粉未拌匀，糖的颗粒太大	泡打粉一定要与面粉一起过筛，糖尽量不要用太粗的
3. 面糊内总水分不足	注意加糖量

（五）海绵类蛋糕表皮太厚

见表 3-8。

表 3-8 表皮太厚原因及解决办法

原因分析	解决办法
1. 配方不平衡，糖的使用量太大	配方中糖的使用量要适当
2. 进炉时面火过大，表皮过早定型	注意炉温，避免进炉时面火太高
3. 炉温太低，烤的时间太长	炉温不要太低，避免烤制时间太长

（六）蛋糕内部组织粗糙，质地不均匀

见表 3-9。

表 3-9 蛋糕质地不均匀原因及解决办法

原因分析	解决办法
1. 搅拌不当，有部分原料未溶解，发粉与面粉未拌匀	注意搅拌程序和规则，原料要充分拌匀
2. 配方内柔性材料太多，水分不足，面糊太干	配方中的糖和油不要太多，注意面糊的稀稠度
3. 炉温太低，糖的颗粒太粗	糖要充分溶解，烘烤时炉温不要太低

实训项目四　月饼加工综合实训

【知识目标】

掌握原辅料的处理方法并且正确使用相应添加剂。

学会月饼制作的基本工艺流程,并注意投料顺序。

【能力目标】

能按产品配方比例计算出所需原料的实际用量。

能按不同产品的特点控制加工的过程,观察发生的现象并记录。

任务一　广式月饼制作

【知识目标】

掌握广式月饼制作的工艺流程。能正确操作原辅料的处理方法,并且注意投料顺序。

【能力目标】

能按产品配方比例计算出所需原料的实际用量。

一、任务准备

1. 材料

面粉、砂糖、油脂、枧水。

2. 仪器(设备)

和面机、立式搅拌机(或卧式搅拌机)、远红外线电烤炉、不锈钢操作工作台、刮板、擀面杖、台秤(或电子秤)、各种月饼模具、烤盘、铁架子车、温度计、纸袋或塑料袋。

二、任务实施

(一)工艺流程

枧水
↓
转化糖浆、油脂→搅拌→23 g 面粉→拌匀→13 g 面粉→静置→分割→包制→入模→成型→烘烤→冷却→包装→成品
↑
馅料←搓圆←称量←馅料原料

(二)操作步骤

1.浆皮面团调制

广式月饼皮面使用浆皮面团,需用糖浆进行调制。糖浆应事先调好放置 15～20 d 后使用(或冷却凉透后使用)。

(1)糖浆熬制(制备) 糖浆的制备是将蔗糖和酸共热,使之发生转化作用,生成葡萄糖和果糖,吸湿性增强,抗结晶作用增强。使用这种糖浆调制面团,使得饼皮柔软油润,糖冷却后不会发生结晶返砂现象,使制品硬面发展。

在糖浆熬制过程中,糖液随水分蒸发,沸点升高,糖液变稠,色泽加深,在不同温度下,它的物理特性也不一样,可根据物理性状确定熬制终点。见表 4-1。

表 4-1 糖液在不同加热条件下的状态变化

温度/℃	状态	现象
104	沸腾	有起泡现象
107	线状	手指捏糖液后两指分开,能形成有弹性的线
110	球状	重复上清,线断裂时,会呈珠状
113	膜状	用一铁丝圈伸入糖液后取出圈,圈上能产生一层薄膜
115	羽状	轻吹糖液膜,可以形成许多羽毛样碎片
118	软球	此时糖液,如用手指搓揉时能凝成易变形的球
121	硬球	糖浆变得很稠,温度上升很快,形成硬球

①配方 50 kg白砂糖、17.5 kg水、适量柠檬酸(麦芽糖适量)。

②操作 先将3/4清水倒入锅中,倒入白砂糖(麦芽糖),搅拌溶液,煮沸5 min后,将柠檬酸用少量清水溶解,加入糖液中,继续熬煮。如糖液沸腾剧烈,可将剩余清水逐步加入,也可以加入少量生油于锅中,防止糖液飞溅。煮制过程中若有液面上出现白色杂物,去掉,确保糖浆质量。

煮沸后改用慢火,再煮20~30 min。起锅冷却凉透后使用(一般要冷却贮存15~20 d)。也有以饴糖代替柠檬酸进行熬煮的,50 kg糖,23.5 kg水,15 kg饴糖。

(2)浆皮面团调制

①配方 面粉19 kg,白砂糖8.8 kg,饴糖2 kg,生面3.5 kg,枧水0.4 kg,水3.2 kg。

②操作 先将糖浆与油,枧水加入机器搅拌均匀后,将面粉加入1/3,搅拌7~8 min,再加入1/3粉,再搅,再加入全部面粉搅拌均匀,多次加面搅拌,目的是让面粉有充分的延伸性,便于包馅操作,但又不能有弹性和韧性,以免影响制品的酥松性,搅拌成的面团在台板上稍推几下,翻2次后,见面团均匀,皮面光洁,就可以分摘成小块进行包馅(翻上时台面上要撒冷干粉)。

手工操作则在用面粉围成圈,放入糖浆和枧水混合均匀后,再加入生油混匀后加面粉和成面团。

2.馅心调制

(1)红莲蓉馅料

①配方 莲子25 kg,白砂糖37.5 kg,花生油7.5 kg,猪油6.25 kg,枧水适量。

②操作要点

选料:挑选无虫蛀而饱满的莲子,加工去芯。碱液去皮:清水45 kg和枧水一起倒入锅中煮沸,加入莲子煮至莲子皮能用手捏脱,取出用清水漂洗枧水,并用竹刷刷去莲子皮。

煮莲:把去皮的莲子放入锅中,加入清水后慢火熬至能用手捏烂,取出用绞肉机把莲子搅成蓉状。

铲蓉:先将花生油750 g,白砂糖1.5 kg,放锅里加热溶解至金黄色,然后加入莲子蓉及剩余白砂糖,同时,加入花生油2.5 kg,用猛火煮沸后,改用慢火边煮边铲,花生油分次投入。铲至莲蓉变稠,不渗油,取出莲蓉用花生油封面,防止莲蓉表面结块和霉变。

品质要求:色泽金红,嫩滑油润,有莲子味。

(2)白莲蓉馅料

①配方 莲子7.5 kg,白砂糖11.25 kg,猪板油1.5 kg,花生油2.25 kg,枧水

适量。

②操作要点 莲子用枧水搅匀，以开水焗至能去莲子皮，去皮后清水洗净。将莲子再用开水焗至开边去莲芯，熬煮至蓉状。莲蓉经洗沙去水分，放入锅中加入糖和油，加热铲至莲蓉变稠，不渗油。

品质要求：色泽自带浅象牙色，油润软滑，莲子味浓郁。

(3)豆沙馅料

①配方 红豆 25 kg，白砂糖 35 kg，花生油 12.7 kg，玫瑰糖 1.75 kg，枧水适量。

②操作要点

煮豆：红豆经筛选水洗后，置锅中，加入枧水和清水，加热煮 3 h，煮至用手捏烂为度，取出搅烂成豆沙浆。

洗沙：用竹箩洗沙，不断加水冲洗，豆沙沉后用上清液，榨取水分，成为湿豆沙。

铲沙：将湿豆沙及辅料放入锅中，油分次加入，铲至豆沙色泽褐红，油润起沙。

(4)鲜豆蓉馅料

①配方 一级绿豆 25 kg，白砂糖 35 kg，花生油 7.5 kg，猪油 5 kg，枧水适量。

②操作要点 绿豆磨开边，清水浸泡 3～4 h，等豆膨胀脱去豆皮。

煮蓉：绿豆与枧水放入沸水中，水量高于豆面 5 cm，煮至水与豆面相平，豆烂起沙，停火焖 1 h 左右，然后搅成蓉状。

铲蓉：花生油 750 g，白砂糖 1 500 g，放入锅中煮至金黄色，加入豆沙及其余辅料(油分次加入)，煮沸后改用文火(慢火)，边铲边煮，直至豆蓉与油料混合后变成稠状。

品质要求：甘香嫩滑油润。

(5)五仁馅制法

这种馅料是以五仁(榄仁、瓜子仁、杏仁、芝麻仁、核桃仁)馅为基础，根据各品种风味的要求，增减分量并搭配其他辅料制成品。

①配方 冰肉(糖盐肥肉)15 kg，白砂糖 2.5 kg，瓜子仁 2.5 kg，核桃仁 2 kg，榄仁 4 kg，糖冬瓜 2.5 kg，芝麻仁 2 kg，糖橘饼 1 kg，玫瑰糖 1 kg，潮州粉 4 kg，花生油 1 kg，汾酒 400 g。

②操作要点

a. 糖盐肥肉，糖冬瓜切成粒状，糖橘饼切碎。

b. 白砂糖及腌肥肉的糖用清水溶解，加入花生油，芝麻仁及其他辅料，搅拌均匀，最后拌入潮州粉和榄仁。

品质要求：籽仁分布均匀，能黏成团。

3. 分摘

广式月饼在制作上要求皮薄馅白，饼皮与馅料比例，常用 2∶8、3∶7、4∶6。

因此，对于广式月饼来说，饼皮和包馅的技术要求很高，要求皮薄不露馅，馅大以实现风味，因此分摘时要根据皮馅比例进行分摘。

4. 包馅

手工包馅时要求：取揉好的皮用左手揿扁，是中间厚四周薄的圆形，顺手拿起，右手拿起同时已捏好的馅心放在皮子上面，逐渐收拢面皮包起，包时要慢慢收起，用拇指和四指均匀用力边转边收，直至收紧封口完毕，要求收口处不得聚集太厚，否则应将收口处摘去一些皮子使之厚薄均匀(摘尾法)，即收处既不能太厚成面团聚集也不能露馅。将收尾朝下，使封口严密，逐个放在台板上，稍撒些干粉(也可不撒)。

5. 成型

月饼的成型有两种方法，一是机械成型，二是手工成型。

机械成型是在月饼自动包馅成型机中进行，优点是：劳动强度低，生产效率高，但是机制成型的月饼图案花纹不太清晰。因此目前大多数厂家仍采用手工成型方法。

手工成型是采用印模来进行的，月饼模具一般都是单眼模，有圆形、椭圆形、方形、长方形以及各种组合模眼等。印模一般采用不易变形的硬木，如枣树木、油栎木、麻栗木等精雕而成核，再用油浸数十天取出揩干。使用时可在印模内均匀地扑些干粉，左手将包好的饼胚放入印模内，封口朝上，再将饼胚按实压平，注意不要让饼从核眼溢出，造成二毛边(露边)。然后右手拿起印模手柄，将模左边对准台板震敲一下，再将模眼前端与台面相平敲下将饼震出，用左手接住，按次序捏放在饼盘上，饼胚间，间隔距离相等。

6. 刷蛋

表面刷蛋的目的是增强饼面光泽。

刷蛋的方法有两种：

(1)一种是先在饼坯表面刷上清水，进火烘烤，待表面微呈黄色，取出刷蛋浆，后入烘，烤至再熟。这种方法的优点是表面花纹清晰明显(有增加适度作用)，不易刷糊，但须两次进火，手续繁琐，效率不高，现多用第二种方法。

(2)一次刷蛋，即入火前在饼坯表面刷上蛋浆，方法是将新鲜鸡蛋液(最好是蛋黄，并加少量饴糖)打匀，蘸取少量蛋液，均匀地刷在坯饼表面。若饼面有干粉，可用长刷轻轻拂去，然后涤蛋液，涤蛋液手势要轻，否则容易将花纹刷糊，蛋液涤要均匀，否则蛋多的地方，烘烤后起麻点，蛋液少的地方光泽不足。

7. 烘烤

刷蛋后饼坯即可入火烘烤，广式月饼烘烤时火温一般较高，常采用 250～280℃/10 min 的工艺条件，也有采用 200～250℃/15 min 进行烘烤，可根据使用烘烤火实际情况自行掌握。

一般成熟特征：表面呈棕黄色和金黄色，周边乳黄色并稍向外凸，呈腰鼓状，俗称开腰。若温度过高，则易造成皮焦里生，温度过低则导致饼皮破裂，即跑糖露馅。

三、测定过程的注意事项

(1)饼皮制作时，应先将糖浆与枧水充分混合，再放入生油搅拌均匀和成面团，否则成品烤熟后表皮会出现白点。

(2)使用中应严格控制枧水用量，枧水过多则成品色泽过深，呈暗褐色，不够鲜艳。如枧水过少，则皮面颜色效果不够理想。

(3)包馅后的坯饼，存放时间不能太久，否则易造成油脂外渗(俗称泄油)，影响成品品质。

四、考核评价

1.色泽

饼面金红或棕黄滑润，有光泽，周边乳黄色或老象牙色，底部金黄不焦黑。

2.形态

外形圆整饱满，规格一致，纹印清晰，边角分明，四周开腰，微呈鼓形；饼皮不毛边，不折腰，不破裂，不露馅，不塌顶，不凹底。

3.组织

皮薄馅靓皮馅相切，饼皮厚薄均匀，颗粒大小匀落无杂质。切口光滑平整，软硬适度。

4.口味

皮质松软，不粘牙，馅料香甜咸鲜爽口，不腻、不脱、不膻、不哈。有品种应有的独特风味。

五、思考与练习题

1.月饼皮中加入枧水的目的是什么？

2.广式月饼成型后，进炉前是否应在表面扎眼？

【知识链接】

1.广式月饼皮面的调制技术要点

(1)碱水和糖浆要充分拌匀后，再加入油充分搅拌乳化。

(2)吉士粉和面粉混合过筛，然后倒入乳化好的混合糖浆中和面。

(3)和面要求均匀细腻就行。不宜搅拌过度。

(4)把和好的面团盖好静面 3 h 才使用。

2.广式月饼制作时注意事项

(1)碱水与糖浆混合均匀后才能加入油脂类,否则容易发生皂化反应使烘烤出来的月饼皮有白点无光泽。

(2)油与糖浆要充分混合乳化后才能投入面粉,不然月饼皮面容易上劲,往外渗油。

(3)皮的软硬必须要与馅软硬相吻合,皮过软易出现粘饼模,使用过硬的皮,产品还容易往下座边。

(4)月饼皮碱水要适量,过多会使成品色泽黯黑、易上色,皮易出现霉烂,影响回油,碱水过少时烘焙不易上色,并有少许皱纹,皮较干硬。

3.包酥

将水油皮和油酥按比例分坯(6∶4),即水油皮占 60%、油酥占 40%分坯。将水油皮包上油酥呈圆球形。

4.破酥

破酥有大破酥和小破酥。小破酥用酥棍开成约 15 cm 长牛舌形,再卷成筒形,在 2/3 处稍按扁,然后叠成 3 层,静置 10 min 后开成圆件。大破酥一般用开酥机开,先开二次,每次折三折,约 1 cm 厚,松弛 30 min 后,再开一次,同样折三折,放入雪柜冷藏至软硬合适。拿出开至 0.5～0.8 cm 厚,切成圆形件。

任务二　苏式月饼制作

【知识目标】

掌握苏式月饼制作的工艺流程,正确使用相应的添加剂。掌握好温度、湿度。

【能力目标】

知道操作中的投料顺序,能按不同产品的特点控制加工的过程。

一、任务准备

1.材料

特制粉、标准粉、猪油、绵白糖、饴糖、油脂、糖玫瑰、芝麻。

2. 仪器(设备)

和面机、立式搅拌机(或卧式搅拌机)、远红外线电烤炉、不锈钢操作工作台、刮板、擀面杖、台秤(或电子秤)、各种月饼模具、烤盘、铁架子车、温度计、纸袋或塑料袋。

二、任务实施

1. 配方

皮料:特制粉 10 kg,熟猪油 3.25 kg,饴糖 0.75 kg,油酥、特别粉 7 kg。

馅料:蒸熟标粉,熟猪油,绵白糖,三仁,青梅干,糖橙,糖玫瑰,桂花,芝麻。

2. 操作步骤

(1)水油面团调制

①机制面团　先将熟猪肉,饴糖混合,再加热水,水温 70～90℃(水油混合后温度 60℃),这种温度即接近蛋白质凝固点,又接近混粉的糊化点,如水温适当,则淀粉糊化大量吸水,充分胀润,并有部分糊化,制品表面光洁,而蛋白质部分变性可减少面团弹性,面团延伸性良好,易于合酥时压延成皮。温度过高,蛋白质变性大,面团筋性弹性,延伸性均减弱,压延成皮时脆而易断,油脂易于渗出,水温过低,则面团韧性强,延伸性差,压延时难以展开,制品表面易皱缩。加水量也应适当控制,一般用水量应占面粉的 30%左右,使面粉无附着水,不粘手,又有一定的内取力特征有良好的延伸性。调制时以面团均匀为限,不宜过多搅拌,和成面团后,计量分块,静置待用。

②手工制作　用粉圆成圆,中间开糖倒入油、糖、水充分搅拌均匀后,加入面粉合成团,盖上布,醒片刻。

(2)油酥面团调制　将熟猪油和特制粉一起混合均匀搅拌,油脂用量应根据气温略有增减,夏天少,冬天多。一般面粉∶油＝2∶1 左右,对油酥面团的质量要求是软硬程度应与水油皮面团一致,没有韧性和延伸性。手工制作要求用手掌板边推边擦,擦透擦匀。

(3)酥皮合制(破酥)　制皮酥有大包酥和小包酥两种,现以每 500 g 月饼 6 个计算,皮、酥各以 5 kg 为单位(即 60 个成品),取皮 1.6 kg,酥 0.7 kg;素黑麻椒盐月饼取皮 1.45 kg,酥 0.61 kg。

①大包酥　将油酥包入皮料,用滚筒压成薄皮(0.66 cm 厚),擀成圆形长条,用刀切成 10 块,再将小块的两端刀痕处折向里边,用手掌按成薄匀形即可包馅,但是酥包入皮内用滚筒擀薄时,不宜擀得太窄太短,以免皮酥不匀,影响质量。

②小包酥　将皮料与油酥料各分 10 小块,油酥逐一包入皮料,用滚筒稍稍压延后卷折成团,再用手掌按成薄饼形,即可包馅。

(4)包馅　酥皮月饼目前采用手工包制。包制方法如下：

将破酥后面皮按扁，呈当中厚边缘薄的饼皮，取规定规格的馅料置于饼皮中心，右手拇指按住馅的顶部，食指、中指拖住皮的底部，配合左手虎口，边连边收紧，收成圆口。包制时一下收紧，酥皮必然破裂。另外要注意中间不能有空隙，收口处饼皮不要粘上馅心，否则，烘烤后易导致中空、破口，故收口处应捏紧。

按压时要注意：

①用手掌贴住包胚轻轻按下，否则一下把坯饼按扁则很容易裂边。

②月饼收口要摆正，收口歪斜或按在边上，很容易跑糖露馅。但猪油夹心月饼需要先取豆沙馅按薄置于皮酥上，再取猪油丁、桂花等混合料同时包入皮酥内，挤压包制。

(5)成型　馅料包好后，在皮酥的封口处贴上方形小纸，压成 1 cm 厚的扁形生饼坯。质量以每 500 g 6 个计算，每只质量约为 90 g；每 500 g 4 个或 12 个也可依次类推。为了分辨各种馅料的月饼，一般在月饼的坯形上盖上各种名称的印章。包馅成型后的饼坯要皮面四周均匀，收口紧密，剖面观察馅料到边无空隙。

(6)置盘　将定型后的饼坯封口朝下逐个放入烤盘，呈“品”字形，间隙适中，直观，斜观均呈直线。这样可以充分利用烤炉面积，又能在烘烤时受热起发而不致粘连盘边，受热均匀。酥皮类一般摊发较小些。

置盘时应注意：

①先将烤盘清理干净，去除粘在盘上的饼屑，蛋液渣，馅渣等不洁物质，去净后再置盘。

②置盘时要小心取放饼胚，不要用手指捏饼边，要用拇指在饼面中间，另外三指托底部放入烘盘，以免碰坏饼胚。

(7)烘焙　一般烘焙时间为 6～7 min，主要是根据炉温而定，温度过高易焦，过低要跑糖漏馅。鉴定月饼是否烘熟，一般凭眼力观察。熟则饼面松酥，起鼓状外凸，饼边圆周呈黄白色，起酥；如饼面不起鼓，稍有凹进状态，饼边圆周呈黄绿色，不起酥皮，则表示未完全烘熟。

三、测定过程的注意事项

(1)成型出模时，木印敲击台板要小心，将饼倾出避免变形。

(2)生产五仁、椰丝产品时，在拌馅中必须加入熟糯米粉，绝对不能加入熟面粉，否则成品会变干硬。

(3)拌馅时应注意加水量，水分过多，成品将会产生离壳现象。

(4)烘烤时，若成品过熟，易使饼皮破裂露馅，烘烤不熟则饼坯不会膨胀，带青色或乳白色，饼易出现收缩和离壳，且容易发生霉变。

四、考核评价

1. 色泽

饼面金黄色或橙黄色，油润有光泽，四周边乳白色或乳黄色，黄中泛白，底黄而不焦。

2. 形态

外形圆正微凸，呈扁鼓形。饱满匀称，面底平天上，收口中，无裂缝，不僵缩，不跑糖，不露馅，四周微见酥层，无碎片。

3. 组织

酥皮层次分明，皮馅适中，厚薄均匀，馅料软硬适度，果料大小分布匀称，无杂质，皮馅紧贴无松熬，无空心。

4. 口味

入口松酥爽口，滋味纯正，肥润甜美，具有该品种应有的独特风格，无异味。

5. 规格

8 只/kg、12 只/kg、24 只/kg。

五、思考与练习题

1. 什么叫转化糖浆？
2. 如何使用转化剂？

【知识链接】

1. 面粉

面粉要选用符合国家标准的低筋类的面粉或者月饼专用粉。

2. 白砂糖或糖浆

在京式和苏式月饼中用的糖要选用细糖。如果颗粒太大要进行粉碎。广式月饼是用糖浆，所以也叫浆皮类月饼。糖浆是用白糖加酸煮制而成的。

3. 膨松剂类

在月饼生产中常用的化学膨松剂主要有泡打粉和碱水。广式月饼用碱水，其他类的月饼用泡打粉。

4. 油脂类

月饼生产用油脂主要是用花生油、起酥油或黄奶油。

5. 烘烤

月饼的烘烤根据不同种类有所区别，京式月饼和苏式月饼可以一次性烘烤，烘烤温度底火为180～200℃,面火为200～220℃。烘烤的时间为25～30 min。广式月饼要分二次烘烤,目的是使月饼的花纹清澈。第一次预烤为220～240℃。烘烤的时间为15～20 min,冷却后刷蛋液在进行第二次烘烤,烘烤温度底火为200～220℃,面火为220～230℃。烘烤的时间为20～25 min。

任务三　广式红莲月饼制作

【知识目标】

掌握广式月饼制作的工艺流程,正确使用相应的添加剂。掌握好温度、湿度。

【能力目标】

知道操作中的投料顺序,能按不同产品的特点控制加工的过程。

一、任务准备

1. 材料

低筋面粉、白糖、花生油、枧水、小苏打、红莲馅、鸡蛋。

2. 仪器(设备)

远红外线电烤炉、不锈钢操作工作台、刮板、擀面杖、台秤(或电子秤)、各种月饼模具、烤盘、铁架子车、温度计、纸袋或塑料袋、面粉筛。

二、任务实施

1. 配方

皮料:低筋面粉1 000 g,糖浆800 g,花生油220 g,枧水17 g,小苏打1.5 g。

馅料:市售红莲馅、鸭蛋黄。

2. 操作步骤

(1)调制面团　先将面粉过筛,然后在面粉中间开成一个窝,在窝中间放入糖浆、枧水,将糖浆枧水拌匀,再加入花生油,混合均匀,最后才能与面粉拌匀揉搓,静置30～60 min。

(2)包馅　取面皮,将其压平,包入红莲和两个蛋黄。皮∶馅为2∶8。

(3)烘烤　炉温200～210℃,时间为5 min左右,取出刷蛋液(一个蛋黄和一个全蛋混合),待饼面呈金黄色,进行第二次刷蛋液,再进炉,继续烘烤,直至烤熟。

三、测定过程的注意事项

1. 糖浆质量问题

糖浆质量问题主要是糖浆煮制工艺和配料比例不合理。这样很容易造成广式月饼回油慢、回软差，甚至不回油、不回软，越放越干硬。在生产中应注意以下几个方面：

(1)糖、水、酸的比例 糖：水：酸＝100：(35～40)：(0.08～0.12)比较适宜。加水量过少，煮制时间短，蔗糖没有充分转化。这样的转化糖浆制作的月饼皮一般很难回油、回软。

(2)转化剂种类及用量 煮制转化糖浆时，要加入适量的酸性物质作蔗糖的转化剂。目前普遍使用柠檬酸。用量一般为0.08%～0.12%。熬制糖浆时，柠檬酸一定要在糖液煮沸以后再加入。

(3)糖浆成熟温度 一般在110～115℃。

(4)煮制时间和糖浆浓度 应以转化糖浆的浓度达到要求为准。浓度是决定转化糖浆质量的重要标准。糖浆的浓度一般应在78%～81%。

(5)加热容器 使用铜锅和不锈钢锅为宜。大规模工业化生产，应使用能控制温度的蒸汽夹层锅，确保加热温度恒温。

(6)转化糖浆的转化率 转化率是决定转化糖浆质量的最重要指标。转化糖浆的正常转化率为60%～75%，转化越充分，葡萄糖和果糖的生成量越好，月饼越易回油、易回软。

2. 原料选用时注意事项

(1)最好是专用粉 如果使用的面粉面筋含量太高，搅拌时会有过多面筋形成，从而使饼皮起皱，没有光泽，且回油慢。

(2)枧水浓度的选择 枧水浓度太低，造成枧水加入量大，会减少糖浆使用量，影响饼皮的回油，故最好使用浓度较高的枧水。

四、考核评价

外形圆整饱满，纹印清晰不混，四周饼腰微凸，饼面不凹缩，没有毛边、爆裂、露馅等现象。饼面棕黄色，底部棕黄而不焦黑，皮馅厚薄均匀，软硬适度，皮馅紧贴，甜度适当，爽口不腻。

五、思考与练习题

1. 试写出月饼生产的基本工艺流程。

2. 糖浆皮月饼进炉前为何要刷清水?

【知识链接】

1. 月饼为什么会收腰、凹陷、凸起、变形、花纹不清?

月饼烘烤完成出炉后,月饼常出现边墙收腰、表面凸起、底部凹陷,即月饼形态收缩变形现象,造成上述现象的原因有:

(1)面粉筋力过大,面团韧性太强　大多数月饼面团属于可塑性面团,即无筋性、无韧性、无弹性面团,以保证月饼不变形,表面花纹清晰可辨,所以,应使用低筋粉或中筋粉。如果使用了高筋粉,则会造成面团内部形成面筋,造成弹性过强,使月饼在烘烤过程中面筋受热膨胀,出炉后冷却收缩,造成月饼变形,表面花纹图案模糊,不清晰,质量下降。

(2)转化糖浆浓度过低　糖浆较稀、水分含量较高,调至面团时易形成面筋,增强了面团弹韧性,使月饼产品坚硬,收缩变形。转化糖浆的浓度要适当。糖浆浓度是决定面团软硬度和加工工艺性能的重要因素。

2. 改进措施

(1)面粉的筋力　在糖浆面团中主要靠糖的反水化性质来限制面筋蛋白质的吸水和胀润,防止面团形成过多的面筋。

(2)适宜的温度(30~40℃)可促进面筋大量形成　气温、室温、原辅料的温度都直接影响着糖浆、面团加工工艺性能,其中气温的变化是主要因素。

(3)糖浆面团中含有一定量的油脂　油脂既限制面筋蛋白质吸水、胀润,又与糖浆作用。糖浆具有很大的黏性,可以使油脂在面团中保持稳定,避免发生"走油"等质量问题。因此,调制糖浆面团时如果配方中用油量增加,糖浆的浓度也应增大,即糖浆浓度与油脂用量成正比。

任务四　自来红月饼的制作

【知识目标】

掌握月饼制作的工艺流程,正确使用相应的添加剂。掌握好温度、湿度。

【能力目标】

知道操作中的投料顺序,能按不同产品的特点控制加工的过程。

一、任务准备

1. 材料

面粉、砂糖、疏松剂、水、熟面粉、麻油、花生仁、芝麻仁、葡萄干、糖桂花、纯碱、饴糖。

2. 仪器(设备)

电烤炉、不锈钢操作工作台、台秤(或电子秤)、各种月饼模具、烤盘、铁架子车、温度计、纸袋或塑料袋、面粉筛。

二、任务实施

1. 配方

皮料：中筋面粉 2 000 g，白砂糖 150 g，麻油 900 g，碳酸氢铵 10 g，开水 450 g。

馅料：熟面粉 700 g，糖粉 700 g，麻油 450 g，花生仁 100 g，芝麻仁 50 g，青红丝 50 g，核桃仁 50 g，瓜子仁 50 g，青梅 50 g，橘饼 50 g，葡萄干 50 g，糖桂花 50 g，纯碱 25 g。饴糖、砂糖、蜂蜜适量。

2. 操作步骤

(1)调制面团　用开水将糖溶解后，再将麻油投入，在搅拌机内充分快速搅拌使其乳化，油、水的混合液在 40℃左右放入碳酸氢铵，溶化后加入面粉搅拌均匀，调制成软硬适宜略带筋性的面团。

(2)制馅　在搅拌机内按次序加入糖粉、麻油，搅拌均匀后投入面粉，拌匀后加入其他切碎果料，继续搅拌均匀，软硬适宜。

(3)调制碱水　纯碱加入适量的饴糖、砂糖、蜂蜜熬制成枣红色浆水。

(4)成型　取一小块皮面擀成长方形，从两端向中间折叠三层，再擀长后，从一端卷起，静置一会儿，用小擀杖擀成中间厚的薄饼，包馅(皮∶馅为 6∶4)，剂口朝下，制成馒圆形，底面垫上一小方纸，表面中间用碱水印一小圈，再用细针扎一气孔。

(5)烘烤　炉温 200～210℃，烘烤 9～10 min。

三、测定过程的注意事项

1. 饼皮的调制方法

在生产中应注意以下几个方面：

(1)枧水和糖浆要充分拌匀后，再加入油充分搅拌乳化。

(2)和面时间不宜太长，防止面团起筋和渗油。

(3)枧水过量或浓度太大。

2. 月饼的生产操作问题

操作不当也会影响月饼的光泽。在生产中应注意以下几个方面：

(1)印模成型时饼不能粘太多的干粉。

(2)刷表面用的蛋液最好用7个蛋黄加3个全蛋。

3. 糖浆返砂(即有霜)

是由于煮制时间不足而引起，要解决返砂问题，就是要延长熬煮时间，加入足量的酸使蔗糖较充分地转化成单糖。所以高质量的糖浆通常是用大量的水(60%的水)煮制5～6 h，使糖浆浓度达85%左右。关于煮糖浆的加水量问题，请注意如下两方面。

(1)加水量越多，蔗糖转化为葡萄糖和果糖的量越多，也即转化率越高，糖浆回油效果越好。所以煮糖浆时尽可能多加水就是这个道理。

(2)加水量大，不等于糖浆水分含量就高，糖浆最终浓度是通过调节煮制时间及煮制火力的大小来控制。我们知道，煮制时间也是影响糖浆转化率的主要因素，煮制时间越长，转化率越高。目前很多企业在煮糖浆时仅使用35%～40%的水，煮制时间很短，用这种糖浆制作的月饼，回油效果是很差的。

四、考核评价

(一)实训操作参考

饼呈遍鼓形，表面平整，印记端正，表面棕黄色，底面金黄色，腰边麦黄色，馅心端正，口味香甜，酥松适口，有桂花味。考核标准见表4-2。

表4-2 自来红月饼制作操作标准

序号	训练项目	工作内容	技能要求	满分100分
1	准备工作	(1)清洁工作	能发现并解决卫生问题	5
		(2)备料	能进行原、辅料预处理	5
		(3)检查工器具	检查设备运行是否正常	5
2	面团调制	(1)配料	能按产品配方计算出原辅料实际用量	10
		(2)搅拌	能根据产品配方和工艺要求解决搅拌过程中出现的一般问题	5
		(3)面皮控制	能正确调制面团的软硬度	10
3	静置	(1)面团分割	能按不同产品要求在一定的条件和规定时间内完成分割和称量	5
	包馅	(1)包馅	要求饼皮厚薄均匀，无内馅外露	15
		(2)入模(除苏式月饼外)	入模要求要包口朝上，出模后包口向下，表面花纹清晰	5

续表 4-2

序号	训练项目	工作内容	技能要求	满分 100 分
4	烘烤	烘烤条件设定	能按不同产品的特点控制烘烤过程	10
5	装饰	装饰材料的使用	能用调制的多种装饰材料对产品表面进行装饰	5
6	冷却与包装	(1)冷却	①能正确使用冷却装置	5
			②能控制产品冷却时间及冷却完成时的内部温度	5
		(2)包装	能根据产品特点选择相应的包装方法	5
7	贮存		要求保存在低温通风干燥处	

(二)考核要点及参考评分

见表 4-3。

表 4-3 自来红月饼制作考核要点及参考评分

	项目	满分	要求
月饼的基本要求	(1)塌斜	10	月饼高低平整,要周正
	(2)摊塌	10	月饼不得有面小底大的变形现象
	(3)露酥	10	月饼不得有油酥外露、表面呈粗糙感的现象
	(4)凹缩	10	月饼不得有饼面和侧面凹陷的现象
	(5)跑糖	10	月饼不得有馅心中糖融化渗透至饼皮,造成饼皮破损并形成糖疙瘩的现象
	(6)青墙	10	月饼不得有未烤透而产生的腰部呈青色的现象
	(7)拔腰	10	月饼不得有烘烤过度而产生的腰部过分凸出的变形现象
	(8)花纹	10	月饼表面花纹要清晰明显
	(9)组织	10	月饼内部组织要均匀一致
	(10)回软	10	月饼回软要适当、及时

(三)实训评分

见表 4-4。

表 4-4 自来红月饼制作实训评分

1	实训操作工作作风	(1)在实训过程中出满勤 (2)工作态度认真,具有团队合作精神	10 10
2	实训报告	总结内容全面,比较深刻	30
3	实训操作总分	占实训操作标准评分 40%	30
4	产品考核要点总分	占产品考核要点及参考评分 20%	20
	实训总分		满分为 100 分

(四)考核方式

实训地现场操作。

五、思考与练习题

1. 烤好的月饼什么时候包装最好?

2. 生产巧克力月饼时,融化巧克力、葡萄糖浆和果糖浆当何时加入?

【知识链接】

1. 为什么月饼会漏馅、表面开裂

月饼会漏馅、表面开裂主要原因及改进措施如下所述:

(1)包馅时剂口封闭不紧,应封严剂口。

(2)馅料质量差,配比不合理,烘焙时造成“胀馅”、破皮,应严格控制馅质量。

(3)饼皮中加入了过量膨松剂、枧水、小苏打等。每批枧水使用前应先小批量试验,确认取得理想的月饼色泽后,再大批量投入使用。

(4)馅料中使用了较多的膨胀原料,如椰蓉、大豆蛋白、面包废渣等。

2. 饼皮没有黏性、不易成型怎么办

没有黏性、不易成型,其主要原因有二:第一,饼皮配方不合理,油脂过多或者是糖浆不足,都会引起饼皮干、硬、没有黏性。要解决这一问题就是增加糖浆用量、相对减少油脂用量,以增加饼皮黏度。转化糖浆的用量多少,是影响饼皮回油质量的关键,所以正常的广式月饼、糖浆用量都高达 80% 以上。第二,搅拌饼皮的投料顺序和搅拌时间,也将影响饼皮的韧性。在饼皮搅拌时,通常是糖浆与油脂搅拌均匀,接着加入 2/3 的面粉,充分搅拌均匀;停放 20 min 左右后,再加入剩下的面粉,搅拌即可。如果不按这种加料顺序搅拌,常会引起饼皮问题。例如:一次性加入全部面粉,若没有充分搅拌,饼皮韧性就不好,不易成型;若搅拌过度,面筋形成太多、饼皮易收缩。广式月饼的搅拌通常分两次拌入面粉就是出于这一目的。

二、任务实施

1. 工艺流程

原辅料预混乳化→面团调制→成型→摆盘→烘烤→冷却→成品

2. 操作步骤

实验配方：面粉（低筋）900 g，绵白糖 500 g，植物油 500 g，碳铵 40 g，泡打粉 10 g，鸡蛋 4 个，淀粉 160 g。

（1）原辅料预混乳化　先把绵白糖、泡打粉、碳铵等按配方用量放入小盆中，在加入鸡蛋进行搅拌，顺着一个方向进行，直至绵白糖融化，在加入植物油进行搅拌，当全部辅料乳化均匀即可。注意鸡蛋的温度应为 20℃为宜。

（2）面团调制　把面粉逐次放入小盆中进行调制，注意每次要少量多次加入，并不断搅拌，直到没有生粉为止，最后进行搓揉，均匀即可，时间不能太长，以免生筋。

（3）成型　用手揪一块面团，大小都均匀，用食指的中间关节压一下，在用背面沾点芝麻，即可。

（4）摆盘　注意不要离得太近。

（5）烘烤　上火 200℃，下火 180℃，约 15 min。

（6）冷却　自然冷却，让过多的 NH_3 挥发掉。

三、测定过程的注意事项

（1）面团调好后要及时操作，不宜放置太久，以防止面团起筋，影响起发和酥松性。

（2）使用化学膨松剂时，膨松剂必须用蛋液溶解后才能拌入面团中，否则成品烘烤后会出现黄斑，且带有苦味。

（3）要使桃酥圆形的饼坯自然摊裂并形成裂纹，烘烤中炉温的控制是关键的一步。

四、考核评价

1. 实训操作标准

见表 5-1。

表 5-1　桃酥制作操作标准及评分

序号	训练项目	工作内容	技能要求	满分 100 分
1	准备工作	（1）工作	能发现并解决卫生问题	5
		（2）备料	能进行原、辅料预处理	5
		（3）检查工器具	检查设备运行是否正常	5

实训项目五　其他焙烤食品加工综合实训

【知识目标】

掌握酥性糕点的起酥原理，工艺流程和制作方法。

【能力目标】

能对其他焙烤食品的糕点成品质量进行分析、鉴别。

任务一　桃酥的制作

【知识目标】

掌握酥性面团的调制方法及工艺条件，了解油糖的反水化作用。

掌握酥性饼干生产工艺流程及工艺条件。

【能力目标】

了解酥性饼干的一般品质标准。

通过实验能初步对桃酥性糕点成品质量进行分析、鉴别。

一、任务准备

1. 材料

低筋粉、绵白糖、碳铵、小苏打、植物油、泡打粉、鸡蛋、盐。

2. 仪器(设备)

和面机、台秤、不锈钢锅、月饼模具、小型搅拌机、烤盘、远红外烤箱。

续表 5-1

序号	训练项目	工作内容	技能要求	满分 100 分
2	面糊调制	(1)配料	能按产品配方计算出原辅料实际用量	10
		(2)搅拌	(1)能根据产品配方和工艺要求解决搅拌过程中出现的一般问题	15
3	分摘	按照一定重量将面团分成若干个生坯		15
4	置盘	(1)放置	将分好的生坯用掌心搓圆,放进烤盘。注意间距	10
		(2)按压	在每个生坯中央用手指压一小孔	10
		(3)刷浆	刷蛋浆,粘上核仁,待稍干后再刷蛋浆	15
5	烘烤	控制好面火和底火然后进炉烘烤,色泽呈金黄色即可出炉		10

2. 产品考核要点及评分

桃酥的品质评定包括体积、表皮颜色、外表式样、内部颜色、香味、味道、组织结构等几个部分。一个标准的蛋糕很难达到 95 分以上,但最低不可低于 85 分。现将内外两部分各细则评分的办法说明如下,其各部分评分细则及要求都详细列出,总分 100 分。见表 5-2。

表 5-2 桃酥制作考核要点及评分

项目	要求	满分 100 分
1. 体积	烤熟的桃酥必须要膨胀至一定的程度。膨胀过大,会影响到内部组织,使面包多孔而过分松软;如膨胀不够,会使组织紧密,颗粒粗糙	10
2. 表皮颜色	桃酥表皮颜色是由于适当的烤炉温度和配方内糖的使用而产生的,正常的表皮颜色应是金黄色	20
3. 外表形状	桃酥成品形态要规范,厚薄都一致,无塌陷和隆起,不歪斜	10
4. 表皮质地	良好的桃酥表皮应该薄而柔软	10
5. 内部组织	组织细密,蜂窝均匀,无大气孔,无生粉,无糖粒,无疙瘩等,无生心,富有弹性,膨松柔软	20
6. 口感	入口酥松甜香,松软可口,有纯正蛋香味,无异味	20
7. 卫生	成品内外无杂质,无污染,无病菌	10

五、思考与练习题

简述酥性面团调制原理。

【知识链接】

1. 桃酥

桃酥属于酥性面团制品。其面团是用适量的油、糖、蛋、水和其他辅料与面粉调制成的面团。具有良好的可塑性，缺乏弹性和韧性，属重油类产品，非常酥松。

2. 桃酥面团调制方法

将油、糖、蛋、水放入调粉机内充分搅拌，形成均匀的乳浊液后，加入膨松剂及其他辅料搅拌均匀，最后加入面粉拌匀。

投料顺序：油、糖、水必须充分乳化，乳化不均匀会使面团出现发散、浸油、出筋等现象。加入面粉后，搅拌时间要短，速度要快，防止面筋形成。

3. 挞

挞也称塔，多根据其馅料来区分，如蛋挞、椰子挞等。挞是西点中的一种常见食品。

4. 挞皮制作方法

挞皮包括两种，一种是粉酥挞皮，一种是层酥挞皮，二者在制作方法上具有不同的地方。

(1)粉酥挞皮　粉酥挞皮是用奶油、小麦粉、鸡蛋、糖、盐等调制而成。其油脂的添加量较高，目的在于使挞皮既具有酥松效果，又能承载挞馅。

(2)层酥挞皮　层酥挞皮是由小麦粉、糖、鸡蛋、水混合而成，其制作过程分三个部分。首先制作水面皮，水面皮由中筋粉、白糖、鸡蛋、水混合调制而成。在制作的过程中，首先把糖、蛋、水混匀，打发，然后加小麦粉调成团状，醒发 20～30 min。其次制作酥心，酥心是由中筋粉和猪油或起酥油混合而成。在制作的过程中，应将猪油或起酥油和中筋粉搓至纯滑。最后制成挞皮，用水面皮包上酥心，经多次折叠擀制，即可得到层酥挞皮。擀制的过程中，要防止酥心外露，可将包有酥心的面皮放入冰箱冷冻，并且擀制时用力咬均匀，防止外皮破碎。

任务二　蛋挞的制作

【知识目标】

了解混酥类点心特点，掌握蛋挞制作工艺与一般操作步骤。

【能力目标】

通过实验能初步对蛋挞成品质量进行分析、鉴别。

一、任务准备

1. 材料

面粉、白砂糖、食用油、奶粉、食盐、香兰素、碳酸氢钠、碳酸氢铵(泡打粉)。

2. 仪器(设备)

模具、烤箱、和面机、烤盘、台秤、烧杯等。

二、任务实施

1. 工艺流程

制浆(牛奶、蛋和糖)
↓
面粉、鸡蛋、糖、辅料→ 面团调制→成型→ 入模→ 烘烤→脱模→冷却→成品→检验

2. 配方

皮料:低筋面粉 1 000 g,水(或蛋)125(200) g,酥油(或黄油)500 g,白砂糖 250 g,泡打粉 10 g。

浆料:鸡蛋 280 g,白砂糖 140 g,牛奶 1 000 g。

3. 操作步骤

(1)预热烘箱　上火 200℃,下火 210℃。

(2)称量物料　面粉(加入泡打粉、白砂糖)过筛。

(3)面团调制　将鸡蛋打入打蛋机中,低速搅打至鸡蛋混合均匀,徐徐加入面粉,用慢速搅拌均匀,至 15 min 左右面筋完全析出时加入酥油,搅拌成面团。用保鲜膜包起面团,放在冰箱里冷藏 20 min,进行松弛。

(4)制浆　将牛奶、蛋和糖一起搅打均匀即可制成蛋挞水。

(5)成型　案板上施薄粉,将松弛好的面团用压面棍擀成长方形(约 1 cm 厚),再将其对折成四层,再擀薄。如此重复折叠三次,最后擀成 0.3 cm 厚的薄皮。擀的时候四个角向外擀,这样容易把形状擀得比较均匀。

(6)入模　用花边印模将面皮按压成一定大小的圆块。圆块翻面放入模具中,用手指将面块与内壁贴紧制成生挞坯。将事先备好之蛋挞水,倒入蛋挞皮中,8～9 分满。

(7)烘烤　将装有生坯的烤模置于已预热的烘箱内烘烤,时间为 13～15 min,至烤熟后立即取出。

(8)脱模、冷却　将出炉的蛋挞立即反扣脱模,置于空气中自然冷却至室温。

三、测定过程的注意事项

(1)混酥挞皮较不易成型,挞皮加入蛋时,打发不能过度。否则外皮过于松散。

(2)油酥和水面团软硬不相同,导致层次不清,出现走油或漏油现象,造成层酥挞皮成品开裂或走样。

四、考核评价

(一)实训操作标准

表 5-3 蛋挞制作操作标准

序号	训练项目	工作内容	技能要求	满分 100 分
1	准备工作	(1)工作	能发现并解决卫生问题	5
		(2)备料	能进行原、辅料预处理	5
		(3)检查工器具	检查设备运行是否正常	5
2	预调	将牛油、猪油、糖粉混合,中速搅至发泡,加蛋拌匀		20
3	调粉	将过筛后的小麦粉加入到混合物料中,压入模具待用		10
4	加水、糖	将水煮沸倒入容器,加砂糖搅拌,然后冷却		20
5	加入剩余物料	将剩余鸡蛋拌匀,并加入其他物料混合拌匀		20
6	烘烤	将蛋挞馅料注入挞皮中,控制好面火和底火开始烘烤		15

(二)产品考核要点及参考评分

挞的品质评定包括体积、表皮颜色、外表式样、香味、味道、组织结构等几个部分。现将内外两部分各细则评分的办法说明如下,其各部分评分细则及要求都详细列出,总分 100 分。见表 5-4。

表 5-4 蛋挞制作考核要点及参考评分

项目	要求	满分 100 分
1.外表形状	挞的成品形态要规范,厚薄都一致,无塌陷和隆起,不歪斜	15
2.表皮颜色	挞的正常的表皮颜色应是金黄色	20
3.表皮质地	良好的挞表皮应该挺实坚挺	15
4.味道	成熟的挞味道良好具有蛋奶香	20
5.口感	入口绵软甜香,松软可口,有纯正蛋香味,无异味	20
6.卫生	成品内外无杂质,无污染,无病菌	10

(三)实训评分

见表 5-5。

表 5-5 蛋挞制作实训评分

1	实训操作工作作风	(1)在实训过程中出满勤 (2)工作态度认真,具有团队合作精神	10 10
2	实训报告	总结内容全面,比较深刻	30
3	实训操作总分	占实训操作标准评分的 40%	30
4	产品考核要点总分	占产品考核要点及参考评分的 20%	20
	实训总分		满分为 100 分

(四)考核方式

实训地现场操作。

(五)成品检验

见表 5-6。

表 5-6 蛋挞制作成品检验

检验项目	检验结果
形态	
色泽	
内部组织	
口味	
卫生	

品质要求:蛋挞皮有层次,酥脆,蛋浆表面光滑,反倒时蛋浆不流动,有蛋黄颜色和香味。

五、思考与练习题

简述油酥面团调制原理。

【知识链接】

1. 桃酥加工常见问题分析

(1)烘烤过程中油脂溢出 ①使用低筋粉过多;②烤炉温度过低或过高;③面粉储存太久。

(2)产品不够酥松　①使用过多的剩余面皮;②使用太多生粉。

2.挞的加工常见问题分析

(1)混酥挞皮较不易成型　挞皮加入蛋时,打发过度。外皮过于松散。

(2)层酥挞皮成品开裂或走样　油酥与水面团软硬不相同,导致层次不清,出现走油或漏油现象。

3.酥皮为什么会层次不清?

(1)包油时,水油面团硬,而油酥面团软。

(2)油脂品质不佳,可塑性差。

(3)面粉筋力差,韧性、弹性弱,压延时。

实训项目六　罐藏加工综合实训

【知识目标】

学会果蔬罐头制作的基本工艺流程。

包括能掌握原料的各种加工方法并且能正确使用各种机械设备。

【能力目标】

能对原材料进行正确的预处理。

按工艺流程生产出合格的罐头成品。

任务一　果蔬罐头一般生产工艺

【知识目标】

学会果蔬罐头制作的一般工艺。

掌握各种原料的加工方法，能正确使用各种机械设备。

【能力目标】

能对原材料进行正确的预处理。

按一般工艺流程生产出合格的罐头成品。

一、任务准备

1. 材料

各种果蔬、食盐、柠檬酸、碱液。

2. 仪器(设备)

刀具、夹层锅、杀菌锅、排气装置、果蔬分级机、去皮机、真空泵、不锈钢器皿等。

二、任务实施

(一)工艺流程

原料的选择→原料预处理→装罐、注液→排气→密封→杀菌→冷却→成品

↑空罐准备　↑糖液配制

(二)操作步骤

1.原料的选择

(1)果蔬原料　应新鲜饱满,形状完整、大小均匀一致,成熟适度,无病虫害及机械外伤。

(2)白砂糖　白色结晶,干燥,松散,甜味纯正,无不良气味。

(3)水　符合国家饮用水标准。

(4)添加剂　符合国家食品添加剂使用标准。

2.原料预处理

(1)分选　先剔除有病虫害、腐烂、霉变的和有严重机械外伤、破碎、成熟度不合要求的果蔬原料。再按原料大小、色泽和成熟度进行分级。

分级方法有人工分级和机械分级。人工分级是工作人员根据一定的指标,将果蔬分为若干等级的操作。此方法劳动强度大,效率低,适合中小企业使用。机械分级是采用分级机将果蔬分成不同级别。常用的有振动筛、滚筒式分级机、带式分离器等。

(2)洗涤　除去果蔬表面附着的尘土、泥沙、部分微生物及残留农药。方法有漂洗法、喷洗法、转筒滚洗法等。使用清洁的软水,水温一般为常温,有时为增加洗涤效果,可用热水。对于喷洒过农药的果蔬,应先用0.5%～1.0%的稀盐酸浸泡数分钟后,用流动的清水洗净。

(3)去皮及修整

①去皮　凡表皮粗厚、坚硬、不能食用、具有不良风味或在加工中容易引起不良后果的果蔬必须去除表皮。去皮的方法有:

手工去皮:最原始的去皮方法,一般使用去皮刀削去果蔬外皮(图 6-1)。

机械去皮:通常使用去皮机,采用旋皮法(图 6-2)和摩擦去皮法(图 6-3)。旋皮法是将果蔬插在旋动轴上随轴转动,刀刃紧贴果蔬表面,转动轴转动时即可削去表皮,如苹果、梨等用此种方法去皮;摩擦去皮法是利用涂有金刚砂表面粗糙的转筒,通过果实与滚筒之间的相互摩擦去皮,如马铃薯、萝卜等用此种方法去皮。

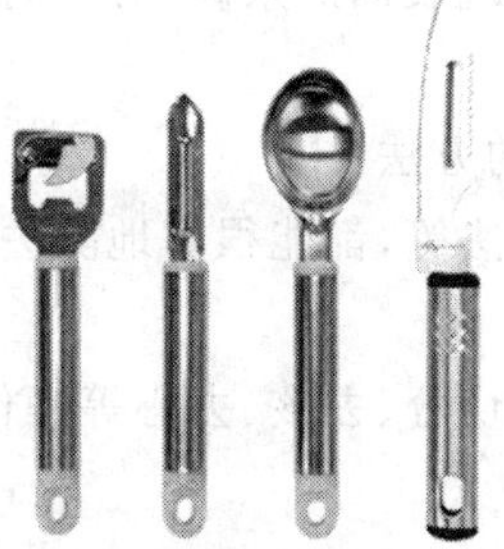

图 6-1　手工去皮工具

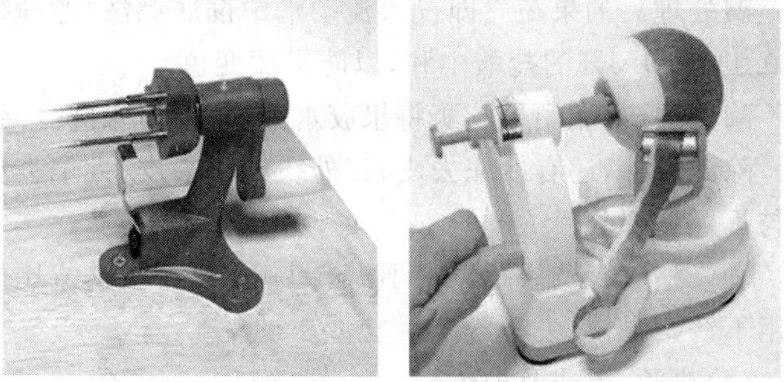

图 6-2　旋皮法工具

图 6-3　摩擦去皮法工具

化学去皮：利用酸、碱的腐蚀能力将果蔬表皮或表皮与果肉间的果胶物质腐蚀溶解而去掉表皮的方法。通常用 NaOH、KOH 或两者的混合物，或用 HCl 处理果蔬。此方法使用方便、效率高、成本低，使用广泛。使用此法时，要控制好碱液的浓度、温度和作用时间。表 6-1 是几种常见果蔬的碱液去皮条件。

表 6-1　常见果蔬的碱液去皮条件

果蔬种类	碱液浓度/%	碱液温度/℃	处理时间/s
苹果	8.0～12.0	≥60	60～120
桃	2.0～6.0	≥90	36～60
梨	8.0～12.0	≥90	60～120
橘	0.8	60～75	15～30
马铃薯	10～11	≥90	约 120
胡萝卜	4.0	≥90	60～120

碱处理后的果蔬立即投入流动水中彻底漂洗，漂净果蔬表面的余碱，必要时可用0.1%～0.3%的盐酸中和，以防果蔬变色。

酶法去皮：利用果胶酶将果胶水解，果皮与果肉分离的方法。

除此以外，还有冷冻去皮、红外线辐射去皮、火焰去皮法等，都能很好地除去外皮与不可食部分。

②修整　有些果蔬原料不需要去皮，只需修整。比如切分、去核、去心等操作。使用不锈钢去核、去心器。

(4)热烫、漂洗及护色

①热烫　又叫预煮，就是将果蔬原料用热水或蒸汽进行短时间加热处理。热烫具有抑制和破坏酶的活性，防止果蔬变色，去除果蔬组织中的空气，阻止氧化及减少维生素C损失，杀灭部分微生物，改进果蔬品质等作用。一般方法是将去皮后的果蔬放入热水中或通入热蒸汽。3～5 min，以烫透但不过度为原则。可用1.5%愈创木酚与3%等量双氧水酒精混合液来检验过氧化物酶的活性。经热处理后的原料不发生棕褐色，酶活性丧失。热水热烫可在夹层锅或热水池中进行，也可采用专用预煮机在常压下操作。蒸汽热烫通常在密闭的情况下，借助蒸汽喷射来进行，必须有专用的设备。

②漂洗　热烫后的果蔬必须急速冷却，停止热作用，保持果蔬的脆嫩度。一般采用流动水漂洗冷却。

热烫、漂洗用水必须符合罐头生产用水要求，尤其是水的硬度要严格控制，否则会使果蔬组织坚硬、粗糙。

③护色　果蔬去皮或切分后容易变色，除用热烫法控制外，还可采用清水、食盐溶液(1%～2%)、亚硫酸或亚硫酸盐溶液(0.1%～0.2%)浸泡，也可加入维生素C进行护色。

(5)抽真空处理　利用真空泵等机械造成真空状态，是果品中的空气释放出来，被糖水或盐水代替。设备有真空泵、气液分离器、抽空锅组成。真空度在90 kPa以上，温度50℃以下，时间5～50 min。抽空后，果实肉质紧密，可防止加热膨胀和煮融现象，利于保持罐头的真空度，减轻罐内腐蚀及果肉变色，提高感官品质。

3.装罐、注液

(1)空罐准备　检查马口铁罐有无锈斑或脱锡，有无焊锡冲击、接缝折边不匀、罐口边缘缺口的现象。玻璃瓶要求罐型整齐，气泡少，无裂纹，厚薄均匀。对于新罐可直接清洗，回收旧罐使用前要进行消毒和清洗。用2%～3%的，30～50℃，浸泡5～10 min，用清水冲洗干净。

(2)糖液的配制　目前我国生产的水果罐头要求开罐浓度为14%～18%，果蔬罐头所需糖液的浓度，要根据原料本身的可溶性固形物含量，每罐装入果肉量及每罐实际注液量而定。公式如下：

$$Y=\frac{W_1Z-W_2X}{W_3}$$

式中：W_1——每罐净重(g)；

W_2——每罐装入果肉的重量(g)；

W_3——每罐注入糖液的重量(g)；

X——原料可溶性固形物的含量(%)；

Y——注入糖液的浓度(%)；

Z——要求开罐时的糖液浓度(%)。

配制糖液浓度的方法有直接法和间接法两种。

直接法就是将白砂糖按要求加水，配制成一定浓度的糖液。如配制 40%的糖液，可将 40 份蔗糖和 60 份水直接混合，完全溶解过滤即可。

间接法是采用两种不同浓度的糖液配制所需浓度的糖液，使用交叉计算法(图 6-4)。

A——甲液浓度

B——甲液应需的份数，值为$|D-C|$

C——欲配制糖液浓度

D——乙液浓度

E——乙液所需的份数，值为$|A-C|$

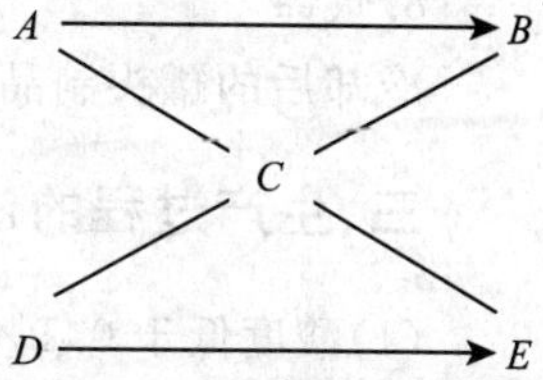

图 6-4 交叉计算法

例如：现有 80%和 10%的两种糖液，要配制 40%的糖液，如何配制？

解：

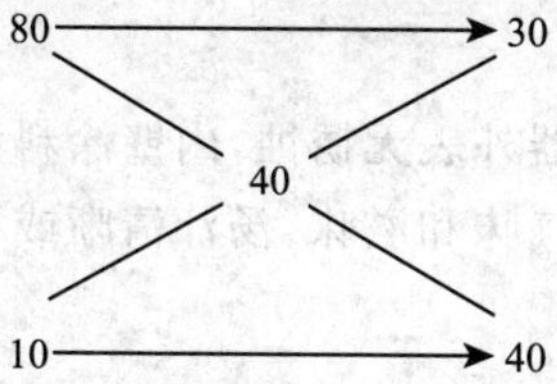

即需要 80%的糖液 30 份，10%的糖液 40 份混合即得 40%的糖液。

(3)装罐时注意事项 原料处理后，趁热快速装罐，不要停留过长时间。装罐食品质量要求一致，严禁混入杂物，要有适量的空隙，即顶隙(是指内容物与罐盖之间的距离)。

4. 排气

在罐头密封前或密封时将罐内空气排除，提高罐内真空度的一种操作。常用方法有热力排气和真空密封。热力排气是利用加热的方法使罐内空气受热膨胀、逸出，温度一般控制在85～95℃。真空密封是使用真空泵将罐内空气抽出，使罐内具有一定的真空度，真空度一般为33～73 kPa。

5. 密封

排气后应立即密封。使食品与外界隔绝，保证罐内相对无菌环境，达到长时间保藏。密封可使用封罐机。

6. 杀菌

密封后的罐藏制品内部仍有大量微生物，必须要杀菌处理才能保证其长期保藏。常用方法有加热杀菌、加热加压杀菌、冷杀菌等。

7. 冷却

杀菌后应立即冷却，防止余热对产品的破坏。温度一般为38～42℃。常采用淋水滚动冷却法，玻璃罐要分不同温度阶段降温，铁罐可直接放入冷水中冷却。加压杀菌的罐头制品应采用反压冷却措施。

8. 成品

冷却后的罐头制品可贴标，打码，装箱，成为成品。

三、生产过程的注意事项

(1)酸度低于0.1%的品种，糖水中应添加0.15%～0.2%的柠檬酸。

(2)生产过程中必须迅速，特别是在处理果实、封罐和杀菌等环节上。

四、考核评价

1. 感官指标

容器密封完好，无泄露、胖听现象存在，容器外表无锈蚀，内壁涂料无脱落。内容物具有该品种果蔬类罐头食品的正常色泽、气味和滋味，汤汁清晰或稍有浑浊。

2. 理化指标

项目	指标/(mg/kg)
锡(以Sn计)	≤200
铜(以Cu计)	≤5.0
铅(以Pb计)	≤1.0
砷(以As计)	≤0.5
食品添加剂	按GB 2760规定

3. 微生物检验

符合罐头食品无菌要求。

五、思考与练习题

(一)名词解释

1. 罐头食品。

2. 杀菌温度。

(二)填空

1. 罐藏工艺的主要过程为原料的挑选和清洗、去皮和修整、热烫、抽真空、装罐、排气、密封、杀菌冷却、成品的贴标和包装。其中关键工序是(　　　　)、(　　　　)和(　　　　)。

2. 控制(　　　　)和(　　　　)是保证罐头食品质量极其重要的措施。

3. 杀菌所需时间从(　　　　)达到杀菌所需温度时算起。

(三)选择

1. 罐头制品以(　　)为宜。

A. 高度硬水　　B. 中度硬水　　C. 软水　　D. 饮用水

2. 我国目前生产的各类水果罐头,要求产品开罐后糖液浓度为(　　)(以折光计)。

A. 15%～16%　　B. 16%～17%　　C. 17%～18%　　D. 14%～18%

3. 导致罐头食品败坏的微生物最重要的是(　　)。

A. 细菌　　B. 霉菌　　C. 酵母菌　　D. 病毒

(四)简答

1. 简述罐头生产的一般工艺流程。

2. 简述罐藏原理。

3. 简述导致果蔬罐头食品腐败变质的主要原因。

【知识链接】

一、罐藏原理

罐藏的基本原理是:通过罐藏工艺处理抑制或破坏了引起果品蔬菜的腐败变质的酶,有效地预防了微生物的侵染,从而达到长期保存的目的。

二、导致果蔬罐头食品腐败变质的主要原因

(1)化学因素　如中酸性罐头容器的马口铁与内容物相互作用引起的氢膨胀。

(2)物理因素　如贮存温度过高,排气不良,金属容器腐蚀穿孔等。

(3)生物因素　最主要的还是由于微生物学因素罐内污染了微生物而导致罐头变质,导致罐头食品败坏的微生物主要是某些耐热、嗜热并厌氧或兼性厌氧的微生物。

三、果蔬清洗机

果蔬清洗机大部分采用不锈钢制作,洗净度高,能很好地保持果蔬原有色泽。广泛用于各类果蔬、食用菌、海产品等的清洗,是当今食品工业的常用设备。

1. 果蔬清洗机的使用

(1)第一次使用果蔬清洗机的使用之前,应该首先详细阅读使用说明书,根据说明书的要求检查各个配件、电路部分的完好度,有无漏水情况。

(2)将果蔬清洗机的清洗池及外壳部分用清水冲洗干净,装满清洗液。

(3)运行前应试运行,空运转 2～3 min,检查转动系统和运输带的运动是否平稳。

(4)开启浮油排除装置,待浮油基本排除后停止除油。

(5)将待处理的瓜果等整齐摆放在运输带上,不能压在滚轮上。

(6)在运输带上待处理物品不能堆得过多,以免影响清洗效果,清洗完毕后的物品不能停放在运输带上,以防影响后续工作。

(7)清洗液应定期补充,使液面保持一定高度,保证清洗效果。

2. 果蔬清洗机的保养

(1)皮带的调整:此操作在马达停止之后进行,在皮带轮的中间以手指来压带,压缩量一般在 7～12 mm 为标准值,一旦超过标准值就需调整链轮至规定紧度。

(2)链条的调整:同样在马达停止之后进行,在两链轮的中间以手指来压链条,压缩量一般在 4～9 mm 为标准值,一旦超过标准值就需调整链轮至规定紧度。

(3)无端变速齿轮箱机油的点检、加油及更换:停止马达,在严禁烟火的情况下拆掉检油塞,添加油至流出为止,不足时应补充。

(4)长期不使用的保存:将各部分的泥土等污物冲洗擦拭干净,各个回转部分以及皮带和链条等附着的杂物都要完全地清理干净,充分注油防止生锈现象发生。

任务二　糖水桃罐头的加工

【知识目标】

掌握糖水桃罐头制作所使用的原料、配方及技术要点。

【能力目标】

会使用所需的设备，能评价糖水桃罐头的质量标准。

一、任务准备

1. 材料

黄桃、白糖、食盐、柠檬酸、NaOH。

2. 仪器(设备)

玻璃罐或铁罐、折光仪、漏筐、不锈钢盆、温度计、锅、封罐机。

二、任务实施

(一)配方

黄桃 500 g，白糖 350 g，水 1 000 g，食盐 5 g，10% NaOH，柠檬酸 0.5 g。

(二)操作方法

1. 选料

选择新鲜饱满，成熟度达 8.5 成左右，无虫害、霉烂、机械外伤，果实大小均匀、果型完整的黄桃。

2. 清洗及分瓣

用清水冲洗干净，除去泥沙等杂质，用刷子刷洗桃毛。沿线剖开，去核，挖去近核处的红色果肉，立即浸于 1%的食盐水中进行护色。

3. 去皮

将 NaOH 配制为 10%的溶液，煮沸。将桃片置于漏筐中，浸入 NaOH 溶液，不断晃动，时间 0.5～1 min，迅速搓去外皮，立即取出，投入冷水中冲洗，皮去净后放在 1%的食盐水中进行护色。

4. 热烫

冲洗干净的桃片，置于沸水中热烫，水中加入 0.1%柠檬酸，以防变色。一次投入的桃片不宜过多，以免水温骤降，保持水温在90℃以上，热烫2～3 min，取出投入冷水中冷却。热烫后的桃片要求透明，不夹生，不变色。

5.修整及装罐

用小刀剔除桃片上的斑点、变色红肉等，使切口无毛边软烂，核窝光滑，果块呈半圆形。修整后将桃片装入干净的空罐内，不要过松、过紧或过满，装至罐体的2/3即可。果块要求大小一致，色泽均匀。注入浓度35%的糖液。

6.排气、封罐

热力排气，温度80℃，时间12～18 min，趁热用封罐机封罐。

7.杀菌

水浴加热杀菌，100℃，30 min。

8.冷却

冷却至室温即可。

三、生产过程的注意事项

预煮时要水多、汽足、量适宜，从而达到透而不烂。

四、考核评价

(一)实训操作标准

见表6-2。

表6-2 糖水桃罐头操作标准

序号	训练项目	工作内容	技能要求	满分100分
1	准备工作	(1)清洁工作	能发现并解决卫生问题	5
		(2)检查工器具	检查设备运行是否正常	5
2	原料选择与处理	(1)选择	按照不同生产类型的罐头选择原料	10
		(2)预处理	能根据不同产品工艺要求对原料进行正确处理	20
3	装罐、注液	(1)装罐、注液	按照不同类型的罐头，选择合适的罐装容器进行罐装及正确注液	10
		(2)溶液配制	根据不同类型罐头，正确配制各种浓度的溶液	10
4	排气、密封	根据不同类型罐头控制好排气和密封过程		20
5	杀菌、冷却	(1)杀菌	根据不同类型罐头控制好杀菌时工艺参数	10
		(2)冷却	掌握不同类型罐头冷却的条件和要求	5
6	成品	按照不同类型的罐头进行贴标，打码，装箱		5

(二)考核要点及参考评分

把罐头的品质分为外部和内部两个部分来评定，外表部分占 20%，内部的评价占总分的 80%，包括色泽、滋味和气味、组织状态、杂质四个部分。一个标准的罐头很难达到 95 分以上，但最低不可低于 85 分。内外两部分各细则评分的办法如表 6-3 所示。

表 6-3 糖水桃罐头制作考核要点及参考评分

	项目	要求	满分 100 分
罐头外部评分	外观	容器密封完好，无泄漏、胖听现象存在，容器外表无锈蚀	20
罐头内部评分	色泽	具有该品种应有的色泽	20
	滋味和气味	具有该品种较好的滋味和气味，无异味	25
	组织状态	组织软硬较适度，果形(块形)基本完整，同一包装内果形(块形)较均匀，汤汁清晰	25
	杂质	无肉眼可见的外来杂质	10

(三)实训评分

见表 6-4。

表 6-4 糖水桃罐头实训评分

1	实训操作工作作风	(1)在实训过程中出满勤 (2)工作态度认真，具有团队合作精神	10 10
2	实训报告	总结内容全面，比较深刻	30
3	实训操作总分	占实训操作标准评分的 30%	30
4	产品考核要点总分	占产品考核要点及参考评分的 20%	20
	实训总分		满分为 100 分

(四)考核方式

实训地现场操作。

五、思考与练习题

(一)名词解释

1. 商业无菌。

2. 胖听。

(二)填空

1.引起罐藏食品变质的微生物类型有(　　　　)、(　　　　)、(　　　　)和(　　　　)等。

2.罐头食品杀菌是达到商业无菌状态,即罐头杀菌后,不含有(　　　　)和通常温度下不能在其中繁殖的(　　　　)。

3.罐头食品杀菌时要求达到的标准是(　　　　)。

(三)选择

1.用于罐头加工的原料,成熟度的选择很重要,最适宜的成熟度应是(　　)。

A. 7～8 成熟　　B. 6～7 成熟　　C. 9～10 成熟

2.糖水桃的制作过程中选择的最佳原料是(　　)。

A.黄肉、不溶质、黏核　　B.白肉、不溶质、黏核　　C.黄肉、不溶质、离核

3.制作糖水罐头时需要配制糖水溶液,要配制 20%的糖水溶液 100 kg,正确的选择是(　　)。

A.糖量∶水量=80∶20　　B.糖量∶水量=20∶100　　C.糖量∶水量=20∶80

(四)判断

1.罐藏食品出现假胀时,内容物仍可食用。(　　)

2.罐头的顶隙是为了调节净重而设置的。(　　)

3.罐头经正常杀菌式操作后出现的胀罐属于物理性胀罐。(　　)

(五)简答

1.对食品罐藏容器有哪些要求?

2.装罐时应注意哪些问题?

3.罐制品的种类和特点是什么?

4.简述罐头胀罐的类型及预防措施。

5.简述碱液去皮的原理。

【知识链接】

一、商业无菌

指罐头食品经过适度的杀菌后,不含有致病性微生物了,也不含有在通常温度下能在其中繁殖的非致病性微生物。这种状态称作商业无菌。

二、常见问题分析

(一)胀罐

1.原因

(1)物理胀罐　排气不充分,物料装填过多,密封温度过低,贮藏温度、气压的变化,杀菌冷却时降压速度过快。

(2)化学胀罐　罐内有机酸与容器反应导致“氢”胀现象。

(3)微生物胀罐　杀菌不足或密封不严导致二次污染,微生物生长繁殖造成胀罐。

2.预防措施

(1)物理胀罐　严格控制装罐量,罐头顶隙要适宜;提高排气温度,充分排气;加压杀菌后降压速度不要过快,使罐内外压力平衡;控制适宜的贮藏温度。

(2)化学胀罐　避免空罐内壁机械损伤,以防漏铁;内壁涂层完好,选择抗酸性涂料。

(3)微生物胀罐　原料充分清洗或消毒,防止污染;充分热处理,消灭致病微生物;降低内容物 pH,提高杀菌效果;严格封罐,防止不严而泄漏;抽样检测,发现问题及时处理。

(二)漏罐

1.原因

密封不严或卷边不紧密。

2.预防措施

选择涂料均匀的铁罐,封罐时滚轮挤压均匀。

(三)变色及变味

1.原因

氧气残留;金属容器作用导致的变色。微生物繁殖;热处理过度;金属罐壁腐蚀;原料品种的不合适。

2.预防措施

选用花青素及单宁含量低的原料;生产过程中要注意护色;热烫处理,破坏酶活性,排除原料组织中的空气;加抗坏血酸防变色;配制的糖水要煮沸;采用不锈钢用具;充分杀菌;控制贮藏温度。

(四)汤汁浑浊及沉淀

1.原因

加工用水硬度大;原料成熟度过高,过度热处理,内容物软烂,运输过程过度震荡;微生物作用;贮藏温度过低,受冻。

2.预防措施

软化加工用水;贮藏温度适宜;控制杀菌、密封等工艺条件;原料成熟度适度。

(五)非胀罐酸败

1.原因

细菌(平酸菌)或化学作用引起,罐内食品酸败但不胀罐。

2.预防措施

降低罐头内容物的pH,抑制平酸菌生长繁殖;使用抗硫涂料的罐装容器。

三、桃

桃属于蔷薇科桃属,原产于我国西北和西部,是人们普遍喜爱的一种果品。品种繁多,主要有南、北方品种群、黄肉品种群、蟠桃品种群和油桃品种群。桃的果肉呈黄、白色,多汁,甜。富含糖、有机酸、维生素、蛋白质及少量脂肪,能为人体提供各种营养成分和多种必需氨基酸。桃在成熟后除了随采即吃外,还可做罐头、饮料、蜜饯等食品。所以要重视桃采后的贮藏和保鲜技术。

(一)生理特性

桃是跃变型果实,具有明显的乙烯释放和呼吸高峰。呼吸高峰的出现是桃完全成熟的标志;桃成熟前后糖分的转化、芳香物质的形成及果实的软化等都与乙烯的形成和作用有关。桃在贮藏期间会出现质地变软,失水失重,果肉褐变,风味变劣及腐烂变质等问题。

(二)贮藏条件

1.贮藏温度

温度是桃贮藏保鲜的基本条件。贮藏温度一般为0~1℃为宜。

2.相对湿度

桃的果皮薄,果实中水分极易散失,因此在桃入库预冷时,需要补湿提高库房湿度,以减少果实的水分蒸发。一般为85%~90%。

3.气体成分

桃对氧气和二氧化碳十分敏感,贮藏环境应尽量避免氧气和二氧化碳的积累,浓度不超过1%和5%。桃的贮藏环境中最好无乙烯存在。

(三)采后系列化处理

1.采收期

桃在绿熟时采收效果最好。贮藏后不易腐烂、褐变,颜色新鲜,硬度适宜,口感脆，风味正常。在成熟后采收，果实易腐烂、褐变，口感变软，品质下降。因此贮藏的桃应适当早一些采收，有利于提高贮藏保鲜。

2.采前处理

适当的采前处理有利于桃的贮藏保鲜。如使用石灰水处理可提高果实的钙含量，减少果实腐烂和失重；喷杀菌剂可减少果实表面的霉菌，对采后防病防腐有作用。

3.成熟度

选择七八成熟时采收。

4.采收

应选在晴天上午露水干后进行，中午2点以后不易采收。采摘时要轻拿轻放，避免造成机械损伤。果篮内要衬垫布片等软物。

采摘时根据果实的成熟度分批进行，保证质量。摘下后的桃要及时运往贮藏场所，避免风吹、日晒、雨淋。

5.消毒预冷

桃果入库前先进行库房消毒，用库房专用烟雾消毒剂或15～20 g/m³碎硫黄点燃密闭24 h，打开门窗散去库内的残留雾。打开制冷机先将库房充分预冷。果实采后要及时预冷，时间在48 h左右，使果实温度降至库温。采用地面洒水等措施保持相对湿度在90%以上。此外为了防止结露导致腐烂，在预冷时要打开包装箱，将箱内的保鲜袋敞开，防止结露。还可用0.5～1℃的冷却水与液体保鲜剂浸泡结合。预冷结束后放入桃果专用保鲜剂，再扎紧袋口。

6.包装

成熟桃果皮薄肉嫩，对震动、摩擦和碰撞的耐力很弱，包装容器要浅而小，装载数量不宜过多，一般少于5 kg左右。包装容器最好选用苯板箱，也可选用双瓦楞纸箱。装桃果前，纸箱先用PE或PVC保鲜袋衬入箱内，苯板箱则先装果预冷后再将保鲜袋套在箱的外面。

7.控制乙烯

七八成熟的桃在0～2℃条件下贮藏基本不释放乙烯。若桃的成熟度过高或贮藏温度过高则会有少量乙烯产生。桃果实对乙烯敏感程度比较低，袋内积累一定量的乙烯有利于增加贮藏桃的风味。

8.定期检查

每隔10 d抽查一次贮藏情况，观察有无褐变、腐烂等现象。发现问题及时解决。

9. 贮藏时间

原则上控制在 2 个月左右，时间越长风味越淡。用于加工罐头的桃可贮藏 3～4 个月。

(四)贮藏方法

1. 冷藏

桃采后对温度的反应比其他果实都敏感。如果库温波动大或库温过高，就会使果实变软甚至是褐变。因此冷藏温度应控制在 0～1℃恒温下贮藏，最好在库内放置温度计以便随时观测。

2. 气调贮藏

气调贮藏较为简便，将桃贮藏在 0℃，氧 8%～10%，二氧化碳 3%～5%的气体环境中，可贮 60～80 d。

3. 冰窖贮藏

将采收后的桃子尽快预冷至 0℃左右，送入冰窖贮藏。贮藏时，先在窖底和四周墙壁铺设厚度约 500 mm 的冰块，将果筐(箱)堆码在冰块上，堆与堆之间填满碎冰，每堆完一层放一层冰，重复交错，堆好后在顶层加盖保温材料，沟底设排水沟，窖内温度保持在－0.5～1℃。

任务三　糖水苹果罐头的加工

【知识目标】

掌握糖水苹果罐头制作所使用的原料、配方。掌握糖水苹果罐头操作中的技术要点。

【能力目标】

会使用所需的设备，能评价糖水苹果罐头的质量标准。

一、任务准备

1. 材料

苹果、盐酸或碳酸钠、糖、柠檬酸、碱液、食盐。

2. 仪器(设备)

去皮机、小刀、不锈钢盆、夹层锅、玻璃罐或铁罐、折光仪、温度计、锅、封罐机。

二、任务实施

（一）配方

苹果 500 g，白糖 250 g，水 750 g，食盐 5～10 g，12%～15% NaOH，1%稀盐酸或 1%碳酸钠稀溶液，柠檬酸 1.5 g。

（二）操作方法

1. 原料选择和处理

选用成熟度为八成以上，风味好、组织紧密、耐煮制、无畸形、无病虫害、无外伤、无腐烂，横径在 60 mm 以上的果实，以中、晚熟品种为好。常用的品种有小国光、红玉、金帅等。将选好的苹果分级，横径为 60～67 mm 为三级，68～75 mm 为二级，76 mm 以上为一级。分别清洗干净。

2. 去皮与护色

先用浓度为 1%的稀盐酸或浓度为 1%的碳酸钠稀溶液浸洗，除去附在表面的农药。然后用去皮机或碱液去皮。碱液（氢氧化钠）的浓度为 12%～15%。将苹果浸入煮沸碱液中 1～2 min，迅速捞出放入冷水中冲洗，擦去表面残留皮层。去皮后马上浸入浓度为 1%～2%的盐水中护色。

3. 切块去核

护色后将苹果纵向切成四开或对开，并把四开或对开果块分别放置，挖净籽巢和果蒂，修去斑疤及残留果皮，用清水洗涤 1～2 次。

4. 烫煮

将切好的苹果块投入水温在 80～100℃水，在夹层锅中烫煮 6～8 min。当果肉软而不烂，果肉透明度达 2/3 左右时取出，迅速用冷水冷透，取出，去杂碎，沥干水分。

5. 装罐

按果块大小、色泽分别趁热装罐，加糖水。果块 300 g，糖水 200 g。装罐时糖水温度要在 80℃以上。

糖水配制：750 g 水加 250 g 白糖再加 1.5 g 柠檬酸，加热溶化后用纱布过滤。

6. 封罐

趁热封罐，密封，罐盖与胶圈要预先消毒。

7. 杀菌、冷却

封罐后立即投入沸水浴中杀菌 15～20 min，然后分段冷却。

三、生产过程的注意事项

果蔬加工中常压杀菌时，铁罐可以直接冷水冷却，玻璃罐需分段冷却；高压杀菌，铁罐可直接冷却，玻璃罐冷却前期不能直接与冷水接触（分段冷却）；冷却水应符合饮用水卫生要求；充分冷透（冷至38～40℃）；冷却后立即擦罐。

四、考核评价

见表6-5。

表6-5 糖水苹果加工实验结果评价

检验项目	检验结果
形态	
色泽	
内部组织	
口味	
卫生	

五、思考与练习题

（一）名词解释

1. 罐头杀菌规程。
2. 罐头真空度。

（二）填空

1. 目前罐头食品最常采用的杀菌方法是（　　）。
2. 罐内真空度是指（　　）与（　　）的差值，一般要求在（　　）kPa。

（三）选择

1. 采用不同的原料做罐头时，杀菌的温度不一样，例如：菠萝、竹笋和蘑菇的杀菌温度分别是（　　）。

A. 100℃、121℃和118℃

B. 100℃、118℃和121℃

C. 121℃、118℃和100℃

2. 玻璃瓶装水果罐头杀菌后宜用（　　）冷却法。

A. 反压冷却　　B. 冰水冷却　　C. 冷空气冷却　　D. 分段冷却

（四）简答

1. 简述手工去皮的优缺点。

2. 简述碱液去皮的优缺点。

【知识链接】

一、预煮设备

夹层锅（图 6-5）使用和维护：

（1）每班使用前，应对各传动部位进行检查，添加润滑油，以免干磨，损坏设备。

（2）检查各电器线路是否完好，连接处是否安全、牢固，保险丝是否匹配，一切完整无误后，方可通电加热。

（3）开机前检查导热油加入量，加油量为加油口以下 5 cm。

（4）正常使用过程中，锅体上边沿的两个进油口在加完油后不能堵死，敞开加热使用。

图 6-5　夹层锅

（5）检查摇柄固定螺栓是否牢固，摇转时避免加热管电线与锅体摩擦漏电。

（6）操作工不能带水操作，在外部有渗油现象时，停止操作。

（7）在操作时要严格控制温度，一般情况下，控制在 200℃以下。

（8）出料前，应先将导热油进出口堵死后出料。

（9）每次换油时，应先把电热管拆下来，用碱水清洗干净后再加油。

（10）导热油每使用 20 锅，应换油一次，每使用 1 个月应把油放完，加入 40℃，2%的碱液充满夹套浸泡 2 h，再用热水清洗。

（11）每隔 4 个月后进行大修，包括：更换电热管，各部垫片和电热管线路，校验温度表等内容。

（12）本电加热夹层锅属高耗能用电设备，在实际使用过程中，一定要保证安全操作与管理，严格按规程实施，并做好每天的操作记录，以便更好地维护设备。

二、苹果

苹果是蔷薇科植物，世界上最著名的水果之一，中国是苹果产量最高的国家。苹果果实酸甜适口，芳香味浓，风味优美，含有丰富的营养物质，如糖、游离酸、钙、铁、磷、灰分及多种维生素。除生食外，还可制作成各种制品供人们消费。

（一）生理特性

苹果为呼吸跃变果实，呼吸高峰结束便会迅速衰老。表现为果肉组织返砂、发绵、果实的颜色变暗、风味变差、易受病原微生物侵染。

（二）贮藏条件

1. 贮藏温度

适宜温度为－1～4℃，低温可以抑制虎皮病、苦豆病以及衰老褐变等生理病害的发展，但贮藏温度过低会引起冻害或生理失调，发生褐心病。

2. 相对湿度

85%～90%，苹果在高湿下贮藏，水分蒸发大大减少，降低自然损耗，果实保持新鲜饱满状态。

3. 气体成分

CO_2：3%～5%，O_2：2%～5%。气调贮藏可以抑制苹果后熟，保持硬度，减轻生理病害和微生物病害和减少失水。气调贮藏的氧和二氧化碳配比因不同品种而异，贮藏过程中应该设法通过脱除或通风排除乙烯气体。

（三）采收及预贮

1. 采收

苹果的采收期对贮藏质量影响很大，采收太早，果实外观色泽风味都不好，还容易发生虎皮病、苦豆病、褐心病、二氧化碳伤害和失水萎蔫等；采收太晚，在贮藏中果实容易衰老，果肉发绵、褐变，发生斑点病、水心病、果肉湿褐病和腐烂。作短期贮藏或冷藏的可以稍晚采收，贮藏期较长或气调贮藏的果实适当提早采收。选在晴天日出前或傍晚天凉时进行，不要在烈日暴晒、阴雨天或露水未干时采收。采摘时要轻采轻放，避免刺伤、碰压伤等。采收的篮、筐要铺有蒲包或旧布等柔软铺垫物。

2. 预贮

苹果采收后，由于田间热和呼吸热都很大，是果实呼吸旺盛，要采取预冷措施。散出田间热，减少呼吸热，防止入贮初期温度升高。

预贮的方法可根据当地具体条件进行。通常在果园中选择阴凉高燥的地方，利用秋天夜间凉爽的气温进行。具体如下：将苹果堆高 30 cm 左右，宽 1.5～2 m，白天用草帘覆盖，防止太阳照射，夜间掀开，待果温下降后入贮。采用冷库或气调库贮藏的可以不进行预贮。

（四）贮藏方法

1. 沟藏

选择地势平坦、背风向阳、土质坚实、干燥而不积水、运输和管理方便的地方挖一沟进行贮藏。沟深一般为0.7～1 m，沟宽1.5～2 m，沟长以地形和果量而定。一般每平方米的地沟可贮藏苹果250～300 kg。地沟以东西向为宜，在沟底部中央，沿沟的走向作一条深、宽各20 cm的沟槽，以利于沟中通风透气。沟的上方架设屋脊状支架，以便覆盖苫、席，挡风防寒，抵御风雪。

沟藏的苹果应当晚采，采后要进行预冷处理，之后进行挑选，下沟贮藏。果实可散堆60 cm厚，每隔3～5 m竖一把农作物秸秆用于通风换气，果上面覆盖草或其他覆盖物，覆盖物的厚薄和覆盖的迟早要根据当地气候变化情况决定。

2. 窖藏

先用硫黄熏蒸法将窖体进行消毒，密闭一昼夜，然后打开通风，待气体全部散尽后即可使用。苹果散堆，留有站人的地方，以便翻果。窖体顶部留有通气孔用来换气，保持窖内温度和湿度达到贮藏要求。一般窖内温度应维持在5～15℃，湿度在70％～80％。

3. 气调冷藏

严格挑选无病虫害，无机械损伤的苹果，气调前先预冷到适温。气调贮藏在气调库内进行，也可在冷库中用塑料大帐或塑料薄膜袋进行。

（1）气调库贮藏　气调库是商业上大规模气调贮藏苹果的最好方式，但必须有一定的经验，掌握苹果品种所需要的气体成分，并通过调气保证库内所需要的气体成分及准确控制温度、湿度。气调库贮藏苹果期可达10个月，贮藏品质好，但设备造价高，操作管理技术也比较复杂。

（2）塑料薄膜大帐气调贮藏　在冷库内，用0.1～0.2 mm厚的聚乙烯做成大帐子，把苹果贮藏垛密封起来，容量可根据需要而定。封帐时，先在帐底铺上整片同样的塑料薄膜，上面放枕木或砖块作为垫衬，将预冷的苹果装箱后，在上面码成垛，然后罩上塑料帐子，最后将帐底与帐壁四周的下边缘紧紧卷在一起，埋入预先挖好的小沟内，用土压紧，或用砖块将卷边压紧。用分子筛充氮机向账内冲氮降氧，取账内气体测定氧气和二氧化碳浓度，以便准确控制账内的气体成分。贮藏期间每天取气分析账内氧气和CO_2的浓度，当氧气浓度过低时，向账内补充空气；二氧化碳浓度过高时要设法脱除，可用二氧化碳脱除器或消石灰可脱除二氧化碳，消石灰用量为每100 kg苹果用0.5～1 kg。

（3）硅窗气调帐贮藏　硅窗气调账贮藏是在上述塑料薄膜账上镶嵌一定面积

的硅橡胶薄膜，利用硅窗自动调节贮藏环境中气体成分的作用。硅窗面积的大小要根据具体情况而定，1 t 苹果在 0.5℃和 3%～5%气、3%～5%二氧化碳中贮藏，所需硅窗面积为 0.3～0.6 m^2。也可多安几个硅窗，根据需要开启。

(4)冷库贮藏　苹果采收，经分级挑选后要尽快入库，3～5 d 内迅速冷却到 0℃左右。果实入库前在地面先垫枕木，在枕木上堆放果箱，堆垛宽度以 5～6 箱为宜，长度根据贮量和库房大小而定，垛与垛、垛与墙之间都留有一定的空隙，便于冷空气流通，同时，为便于降温，每次入库量为库容量的 1/5～1/4。在贮藏期间要调节库内温湿度和排除不良气体，并定期升温除霜。随着贮藏时间的延长 CO_2 的浓度会升高，浓度过高时可用 2%烧碱水吸收。果实出库时外界温度很高，果温与外界温度相差较大，果实会出现“结露”现象，影响货架期，因此出库前要进行升温，升温温度每次以高出果温 2～2.5℃为宜，相对湿度为 70%～80%，当温度与外界温度相差 4～5℃时即可出售。

苹果贮藏期间会产生病害，主要有虎皮病、炭疽病、水心病、青霉病等。为避免病害的发生可采取一定的防治措施。如严格挑选果实，不让带病果进窖；入贮前认真搞好果窖消毒工作；贮前果实喷一次 50%甲基托布津 1 000 倍液或多菌灵 600 倍液，以杀死果实上附着的病菌。

任务四　盐水蘑菇罐头的加工

【知识目标】

掌握盐水蘑菇罐头制作所使用的原料、配方。掌握盐水蘑菇罐头操作中的技术要点。

【能力目标】

会使用所需的设备，能评价盐水蘑菇罐头的质量标准。

一、任务准备

1. 材料

蘑菇、食盐、柠檬酸。

2. 仪器(设备)

小刀、锅、铁罐、杀菌锅、塑料盆、漏筐。

二、任务实施

（一）配方

蘑菇 500 g，食盐 115 g，柠檬酸 1.5 g。

（二）操作方法

1. 选料

采用菌盖完整，颜色正常，无病虫害、发霉和机械外伤的蘑菇。轻拿轻放，避免与铁、铜等金属器皿接触，以防变色。

2. 处理及护色

用小刀削去带泥根柄，修整菌盖。并立即浸入清水或 0.7%的食盐水中。也可用 0.03%的亚硫酸或抗坏血酸进行处理。

3. 预煮、冷却及分级

将处理好的蘑菇放入沸水中煮，不要放入过多，大约占水量的 2/3，时间 5～10 min，煮透为止。然后送入冷水中冷却。根据形状、大小等进行分级，挑出有损伤、斑点及破裂的蘑菇。

4. 装罐

用 23%的食盐和 0.3%的柠檬酸配制成汤汁，温度保持在 80℃左右。要求罐内蘑菇大小一致，不能混级，固形物占净量的 55%～65%，装满汤汁。

5. 排气及封罐

采用热力排气，要求罐中心温度 75～80℃；抽真空排气，45～54 kPa，立即封罐。

6. 杀菌及冷却

温度 121℃，时间 23～35 min，根据罐形大小而异。采用反压冷却。杀菌后迅速冷却至 37℃左右。

三、生产过程的注意事项

果蔬加工必须用耐酸碱的搪瓷或不锈钢容器，忌用铁和铝制品；保持碱液浓度；保持碱液温度；去皮后立即用清水漂洗，或用 0.25%～0.5%柠檬酸中和。

四、考核评价

见表 6-6。

表 6-6　盐水蘑菇实验结果评价

检验项目	检验结果
形态	
色泽	
内部组织	
口味	
卫生	

五、思考与练习题

(一)填空

罐头杀菌可以在(　　　　)进行,也可以在(　　　　)进行。所谓的无菌罐装,需先将待装罐的食品和容器进行(　　　　),然后(　　　　)装罐、密封。

(二)选择

1. 罐头食品杀菌的主要对象是(　)。

A. 嗜热性微生物　B. 霉菌　C. 厌氧性芽孢菌　D. 酵母菌

2. 下列哪一项不属于我国罐头食品厂常用的排气方法。(　)

A. 热力排气　B. 真空密封排气

C. 压力排气　D. 蒸汽密封排气

(三)判断

1. 杀菌不足引起的胀罐,菌检时微生物类型较多且耐热性强。(　)

2. 玻璃罐的冷却速度不宜太快,常采用分段冷却法冷至室温。(　)

(四)简答

1. 简述果蔬罐头冷却的意义、方法。

2. 影响罐头杀菌效果的因素有哪些?

【知识链接】

一、杀菌锅

杀菌锅(图 6-6)的使用与保养:

图 6-6 杀菌锅

(1)根据杀菌锅的生产工艺杀菌条件和本杀菌锅的技术性能制订杀菌锅安全操作规程,并严格执行。

(2)杀菌锅严禁超过设计压力、温度运行。

(3)使用杀菌锅的操作人员应经培训考试合格,应严格遵守安全操作规程和岗位责任制;发现不正常现象应及时处理。

(4)杀菌锅装设有安全阀、压力表、温度计等附件,要保持安全,齐全、灵敏、可靠。在使用过程中应加维护与定期校验。

(5)在使用过程中应经常对斜面自锁楔块、滚轮、锅耳、转环法兰等滑动与滚动接触部位涂抹滑脂和机油,以保证摩擦面处于润滑状态。

(6)锅身法兰面上的密封圈若老化,缺损和磨损过大时,应及时更换,以便保证密封,防止泄漏。

(7)设备停用时,应将杀菌锅和锅盖的内外表面清洗干净。外露加工表面刷以防锈漆,安全检测控制仪表予以罩封保护。

二、蘑菇

蘑菇色泽纯净洁白,质地细致柔嫩,营养丰富,味道鲜美,低热量,具有保健作用,深受广大消费者的喜爱。但是蘑菇含水量高,组织脆嫩,表面无保护结构,易遭受病菌侵染和机械损伤,而引起腐烂变质。在常温下正常空气中,采后蘑菇 2～3 h 之内就会变色、变质、开伞,降低食用品质和商品价值。在贮藏期间,也会因环境条件不适宜而加快腐烂,严重制约了蘑菇生产。所以如何正确高效的贮藏蘑菇就显得十分重要了。蘑菇的保鲜方法有很多,主要有鲜藏、冷藏、气调贮藏、辐射贮藏和化学贮藏等。

(一)生理特性

采收后的蘑菇虽然离开了培养料,同化作用已基本停止,但它仍然是活的有机体。生命活动主要是呼吸作用。不断地从外界环境中吸入 O_2,将体内的有机质分解、氧化,不断丧失水分和排出 CO_2。逐渐衰老败坏。

(二)贮藏条件

1.贮藏温度

一般为0℃。

2.相对湿度

一般为95%。

3.气体成分

O_2:2%~4%,CO_2:5%~10%。

(三)采后系列化处理

1.采收

蘑菇采收要适时,一般在子实体充分长成体积增加不明显时采收。过早采收,子实体未充分长成,蘑菇品质不佳,并且降低产量,过晚采收,子实体容易老化、变色、开伞。采收时要轻拿、轻放、轻装,减少机械损伤。采收用具、包装容器要进行清洁、消毒处理。

2.贮藏前处理

蘑菇采收后,要清除杂物,剪去蒂头和过长的菇柄,除去病虫害部分。若有菇色发黄或变褐现象,应放入0.5%的柠檬酸溶液中漂洗10 min,捞出后沥干水分,迅速预冷。较高温度会促进菇体内各种生理活动的进行,例如水分散失、养分加速消耗、褐变反应、后熟老化等。所以对于蘑菇的预冷就显得十分重要。

(四)贮藏方法

1.鲜藏

新鲜的蘑菇在室温下贮藏的时间受温度和空气湿度影响较大。室温为3~5℃,空气相对湿度为80%左右,可贮藏1周。温度增高,湿度也要适当增高。若菇量不多,可放入装有少量冷水的缸内,并封口,即使温度达到16~17℃,只要缸盖透气,也可贮藏1周左右。另外,也可将菇体浸入水中,但所用水必须卫生,含铁量要低于2 mg/kg,避免菇体发黑。

2.冷藏

所谓冷藏是指用接近0℃或稍高几度的温度下贮藏蘑菇的一种方式。可以再冷藏室、冷藏箱或冷柜中进行。

(1)冰藏　利用天然冰或人造冰块来达到降温贮藏。

①冰块制冷保鲜　在运输包装盒(箱)内分为三格,经小包装的鲜菇置于中格,

其他两格放置冰块，冰块要装入塑料袋中，并定时更换冰块。

②简易包装后降温贮藏　新采收的蘑菇先用聚乙烯塑料袋分装，每袋内放适量干冰或冰块，不封袋口，于低温下贮藏，1℃以下可贮藏16 d，6℃可贮藏12 d。但贮藏温度要稳定。

(2)短期休眠贮藏　采收后的蘑菇于20℃放置12 h，将其放于0℃左右的冷藏室中处理24 h，使其进入休眠状态，于20℃左右贮运，保鲜期达4～5 d。

(3)密封包装冷藏　采收后立即用0.5～0.8 mm厚的聚乙烯塑料袋或保鲜纸密封包装，将蘑菇的菌褶朝上，于0℃左右保藏，一般可保鲜15 d左右。

(4)机械冷藏　将采收包装后的蘑菇立即放入冷藏室，冷藏箱或冰柜中，利用机械制冷。温度控制在15℃，空气相对湿度85%～90%，可存放10 d左右。

(5)冬季冷藏　在气温较低的冬季，将采收后的鲜菇直接放在室外自然气温下冷冻。为防止菇体变褐或发黄，将其放入0.5%的柠檬酸溶液中漂洗10 min，捞出沥干，放在室外冷冻大约2 h，再将其装入塑料袋中，置于纸箱，低温荫棚内存放。

3.气调贮藏

将预冷后的蘑菇装入用25 mm厚的聚乙烯塑料薄膜做成的贮藏袋中，每个贮藏袋大约装1 kg的鲜菇。密封后，将蘑菇放入冷库中贮藏，在4～5 h之内将菇体温度降到0～3℃，保持相对湿度为95%～100%。O_2量为2%～4%，CO_2量为5%～10%。

4.辐射贮藏

是蘑菇贮藏的一种新技术。此方法能较好地保持蘑菇原有的新鲜状态，无化学残留，节约能源，高效加工，易于自动化生产。

将成熟而未开伞的蘑菇采摘后，装入多孔乙烯塑料袋内，按剂量进行照射，在15℃下贮藏。2周内可保持不开伞，并在硬度和色泽等方面保持较高的商品价值。

采用盐水、柠檬酸、抗坏血酸、二氧化硫或蒸汽热处理均能钝化多酚氧化酶活性，防止酶促褐变；贮运中应避免用金属容器装菇，以防产生非酶促褐变。

5.化学贮藏

采用对人畜安全、无毒的化学物质浸泡或喷洒在蘑菇表面，以达到延长菌类贮藏期的方法。

(1)食盐保鲜　将鲜菇放入0.6%的盐水中浸泡10 min，捞出沥干，装入塑料袋中贮藏。在12～25℃条件下，存放4～6 h，袋内蘑菇变为亮白色。经盐水处理的鲜菇能保鲜3～5 d。

(2)焦亚硫酸钠保鲜　①将鲜菇放入0.02%焦亚硫酸钠溶液中漂洗3～5 min，除去泥沙碎屑等。再用0.1%焦亚硫酸钠溶液浸泡30 min，捞出沥干水分后装入塑料袋中，不要损伤固体。在 10～15℃下保存，色泽可长期保持洁白。

②将新采收的蘑菇摊放于干净的地面或塑料薄膜上，用 0.15%焦亚硫酸钠水溶液喷洒菇体，使其均匀附上药液，用塑料袋包装。立即封口贮藏于阴凉处，在 20～25℃下可保鲜 10 h 左右。

(3)稀盐酸溶液浸泡保鲜　将鲜菇整理后经清水漂洗晾干，装入桶或缸内，加入 0.05%稀盐酸溶液浸泡，加盖或以塑料覆盖。此法为菌类加工厂收购鲜菇短期保鲜的方法。

(4)抗坏血酸保鲜　鲜菇采收后，用 0.1%抗坏血酸溶液喷洒其表面，装入非铁质容器，于－5～0℃低温下冷藏，可保鲜 24～30 h，其鲜度、色泽基本不变。

(5)保鲜剂保鲜　将 0.02%～0.05%的抗坏血酸和 0.01%～0.02%的柠檬酸配成保鲜溶液。将鲜菇浸泡在保险溶液中 10～20 min，捞出沥干水分，装入塑料袋中密封。于 20℃下贮藏 12～15 h，菇体色泽乳白。

(6)比久(B_9)处理保鲜　比久(N-二甲氨基琥珀酰胺)，是一种植物生长延缓剂。用 0.001%～0.1%的水溶液浸泡鲜菇 10 min，取出沥干水分装入塑料袋。于 5～22℃下可保存 8 d。

实训项目七　蔬菜腌制加工综合实训

【知识目标】

学会腌制蔬菜制作的基本工艺流程。包括能掌握原料的各种加工方法并且能正确使用各种机械设备。

【能力目标】

能对原材料进行正确的预处理。

按工艺流程生产出合格的腌制品。

任务一　腌制蔬菜一般生产工艺

【知识目标】

学会腌制蔬菜的一般生产工艺。

掌握各种腌制蔬菜的配方，能正确使用泡菜坛。

【能力目标】

能对原材料进行正确的预处理。

按一般工艺流程生产出合格的腌制成品。

一、任务准备

1. 材料

各种新鲜蔬菜、食盐、各种香辛料。

2. 仪器（设备）

泡菜坛、发酵缸等。

二、任务实施

(一)工艺流程

1. 发酵型腌制品

原料的选择→原料预处理→装坛、密封→发酵→成品
↑
水、盐等配制调料水

2. 非发酵型腌制品

原料的选择→原料预处理→盐渍→脱盐→酱渍→成品

(二)操作步骤(以发酵型腌制品为例)

1. 原料的选择

(1)蔬菜　选择新鲜、完整、组织紧密、肉质肥厚、质地嫩脆的新鲜蔬菜。要求无病虫害、机械外伤、不易软化、纤维少、耐贮存。

(2)水　符合国家饮用水标准,硬度在15°左右。最好用微碱性水。

(3)调料　香辛料——大茴香(八角)、小茴香、丁香、豆蔻、花椒、肉桂、胡椒、姜等。调味料——糖、酱、醋、酱油、辣椒、酒、味精等。

2. 原料预处理

(1)整理　选好的原料应及时整理,去除老帮、残叶及不可食用部分。

(2)清洗　用清水洗除附着在原料表面的泥沙等杂物,沥干水分。

3. 配制调料水

将适量的盐、水混合,浓度控制在6%～8%。置于锅中煮沸,过滤,冷却至常温,加入适量姜、糖、酒、辣椒等辅料。

4. 装坛、密封

将处理好的原辅料放入坛中,并注入配置好的调料水。原料装至离坛口3 cm处为止,调料水淹没原料,最后密封坛口。若用缸为容器,液面应淹没原料12 cm左右,并用重石压实。

容器可选择陶瓷容器、木质容器、水泥池等。使用前应清洗干净并擦干。

5. 发酵

将容器置于阴凉处,经15～30 d的发酵,即成为酸度适宜,可食用的成品。

三、制作过程的注意事项

1. 蔬菜腌制品的保绿问题

保持腌制品的绿色是提高制品的重要问题。腌制蔬菜之所以会失去原有的绿

色，原因之一是因为原料中所含的叶绿素在腌制的酸性环境下转变成脱镁叶绿素；原因之二是叶绿素酶使叶绿素转变成脱叶醇叶绿素（绿色褪去）。

2.保绿措施

（1）在腌渍前将原料经沸水烫漂，钝化叶绿素酶。

（2）加工用水保持微碱性，或在烫漂液中加入微量的碱性物质如碳酸钠或碳酸氢钠；生产实践中，常采用澄清石灰水浸泡后再腌渍。

四、考核评价

（一）感官指标

具有腌制蔬菜固有的色、香、味、无杂质、无其他不良气味，不得有霉斑白膜。

（二）理化指标

见表7-1。

表7-1 腌菜理化指标

项目	指标
砷/(mg/kg)	≤0.5
铅/(mg/kg)	≤1
食品添加剂	按GB 2760规定
亚硝酸盐	按GB 15198规定

（三）卫生指标

见表7-2。

表7-2 腌菜卫生指标

项目		指标
大肠菌群/(MPN/100 g)	散装	≤90
	瓶(袋)装	≤30
致病菌(系指肠道致病菌)		不得检出

五、思考与练习题

（一）名词解释

1.同型乳酸发酵。

2.异型乳酸发酵。

(二)填空

1. 在腌渍保藏中,要使腌制速率加快,可选用下列方法(　　　　)、(　　　　)、(　　　　)、(　　　　)和(　　　　)。

2. 叶绿素在(　　　　)条件下容易失绿。

3. 入坛泡制时,盐水也不要装得过满,以距离坛口(　　　　)为宜。

(三)选择

1. 在植物中,叶绿素 a 与叶绿素 b 的含量比大约是(　　)。

A. 1∶3　　B. 1∶2　　C. 2∶1　　D. 3∶1

2. 下列(　　)作用对蔬菜腌渍品的色、香、味影响最为显著。

A. 食盐的防腐作用　　B. 微生物的发酵作用

C. 蛋白质的分解作用　　D. 外加添加剂的作用

(四)简答

1. 腌渍的食盐要求是什么?

2. 泡菜制作过程中坛沿水有哪些注意点?

3. 如何提高蔬菜腌制品的质量?

【知识链接】

蔬菜腌制是一种应用最普遍的蔬菜加工保藏方法,其主要是利用食盐的保藏作用、有益微生物的发酵作用、蛋白质的分解作用和一些辅料的辅助作用等来抑制腐败菌的生长,在一定时间内保持或提高蔬菜的食用品质和商品品质。

任务二　泡菜加工

【知识目标】

学会制作泡菜的操作方法。

掌握制作泡菜的配方,正确使用泡菜坛。

【能力目标】

能对原材料进行正确的预处理。

按操作方法制作出合格的泡菜成品。

一、任务准备

1. 材料

各种新鲜蔬菜、调味料。

2. 仪器(设备)

泡菜坛、刀、盆、漏筐、锅、电磁炉、纱布等。

二、任务实施

(一)配方

甘蓝 500 g,白菜 160 g,豇豆 80 g,胡萝卜 100 g,芹菜梗 20 g,黄瓜 30 g,鲜辣椒 20 g,食盐 250 g,大蒜 30 g,鲜姜 20 g,白酒 10 g,料酒 10 g,白糖 20 g,干辣椒 30 g,花椒 20 g,八角 1 g。

(二)操作方法

1. 原料选择

选择肉质肥厚,质地细嫩,新鲜无病虫害的白菜、甘蓝,芹菜、胡萝卜等。豇豆、黄瓜应幼嫩无籽。

2. 预处理

(1)修整　将白菜、甘蓝等削去根茎剔除黄叶、老帮;萝卜去除根须、叶子;芹菜摘除叶片留梗;黄瓜、豇豆摘除果柄。

(2)清洗、晾干　将整理好的蔬菜用清水洗净,晾干水分。

(3)切分　白菜、甘蓝芹菜、豇豆等切成小块或小段;胡萝卜、黄瓜等切成条或片。

3. 配制调料水

将食盐、清水按 4∶1 的比例称好,将两者置于锅中加热煮沸,静置冷却,除去杂质。再按配方将白酒、料酒、白糖、干辣椒、八角、花椒等调料加入配制成调料水。

4. 装坛

泡菜坛刷洗干净,擦干水分。将经预处理的各种蔬菜、鲜辣椒、生姜、大蒜等装入坛内,装至八成满时倒入调料水直至没过全部菜料,盖好坛盖。在坛沿水槽中注满清水即可。

5. 发酵

将装好的泡菜坛置于通风、干燥、洁净的地方进行发酵,经 15～30 d,即可发酵成为酸度适宜的泡菜。

三、制作过程的注意事项

1. 蔬菜腌制品的保脆问题

保持腌制品的嫩脆质地是提高制品的重要问题。腌制蔬菜失去爽脆质地而变软，主要原因是细胞膨压和细胞壁原果胶发生变化。

2. 保脆措施

(1)原料晾晒和盐渍用盐量需恰当，保持产品一定水分。

(2)供腌制的蔬菜要成熟适度。

(3)腌制前将原料放入石灰水中浸泡，钙离子能与果胶酸作用生成果胶酸钙的凝胶，有时也用0.05%的氯化钙作为保脆剂。

四、考核评价

(一)感官指标

见表7-3。

表7-3 泡菜感官指标

项目	指标
色泽	具有四川泡菜应有的色泽
香气	具有四川泡菜应有的香气
滋味	滋味可口、酸咸适宜、无异味
体态	形态大小基本一致，液汁清亮，组织致密、质地脆嫩，无肉眼可见外来杂质

(二)理化指标

见表7-4。

表7-4 泡菜理化指标

项目	指标	
	泡渍类	调味类、其他类
固形物含量/%	≥50.0	—
水分/%	—	≤90.0
食盐(以 NaCl 计)/%	≤10.0	≤9.0
总酸(以乳酸计)/%	≤1.5	≤1.5
总砷(以 As 计)/(mg/kg)	≤0.5	
铅(以 Pb 计)/(mg/kg)	≤1.0	
硝酸盐(以 $NaNO_2$ 计)/(mg/kg)	≤10.0	

（三）微生物指标

见表 7-5。

表 7-5　泡菜微生物指标

项目	指标
大肠菌群/（MPN /100 g）	≤30
致病菌（沙门氏菌、志贺氏菌、金黄色葡萄球菌）	不得检出

（四）食品添加剂

食品添加剂质量应符合相应的标准和有关规定。食品添加剂的品种和使用量应符合 GB 2760 要求。

五、思考与练习题

（一）名词解释

1. 非发酵性腌制。

2. 发酵性腌制。

（二）填空

1. 泡菜盐水配制时，用（　　　）。

2. 腌渍蔬菜的过程中，一般采用（　　　　　）作为保脆剂，其用量以菜重的（　　　　）为宜。

3. 对泡菜来说，由于需要乳酸发酵，适宜于乳酸菌活动的温度为（　　　）。

（三）选择

1. 蔬菜腌渍中哪类制品应控制乳酸发酵作用（　）。

A. 泡菜　　B. 酸菜　　C. 咸菜　　D. 糟菜

2. 一般在腌制发酵性腌制品时，装满缸后用蒲包或竹席铺上，压上重石。目的是（　）。

A. 排除菜体中的氧气，防止外界微生物的污染

B. 排除菜体中的微生物，促进发酵

C. 为了提高腌制品的质量和成品率

3. 使腌制品具有光泽、香气和风味的主要原因是（　）。

A. 乳酸发酵　　B. 蛋白质分解　　C. 醋酸发酵　　D. 酒精发酵

（四）简答

1.蔬菜腌制中滋味是如何形成的？

2.发酵性腌制品和非发酵性腌制品的特点是什么？

3.蔬菜腌制工艺中常用保脆剂和保绿剂有哪些？

【知识链接】

一、泡菜制作中常见问题分析

1.变色

(1)原因　与空气接触，红酵母菌繁殖导致变红；腌制时食盐分布不均、腌菜暴露在调料水液面上、使用铁质器具、原料中氧化酶活性较高等导致变黑。

(2)预防措施　减少腌制前微生物含量；使用新鲜无霉变的原料，彻底清洗；使用适宜器具便于隔离空气、清洗、杀菌消毒、无毒无害，避免使用铁质器具；食盐分布均匀；原料要压实，避免露出液面；使用符合生产要求的水及食盐。

2.变味

(1)原因　丁酸发酵，细菌腐败，有害酵母作用均产生令人不愉快甚至是厌恶的气味。

(2)预防措施　保持原料及容器的清洁卫生，防止污物混入，减少病原菌，隔绝空气；加入7%以上的食盐或大蒜来抑制。

3.变软

(1)原因　不溶性果胶分解为可溶性果胶；食盐量过少；酸性环境；温度过高；器具不洁；有害微生物作用等。

(2)预防措施　控制腌制环境，促进有益乳酸菌作用，抑制有害菌作用；使用防腐剂，抑制微生物，延长保藏期。如山梨酸钾、苯甲酸钠0.1%～0.3%。

4.变黏、长白膜、生霉

(1)原因　乳杆菌或某些霉菌、酵母菌在较高温度时迅速繁殖形成黏性物质，发霉、产生白膜。

(2)预防措施　隔绝空气，加入3%以上的食盐或大蒜来抑制，使用防腐剂，压实原料，避免露出液面。

二、大白菜

大白菜即结球白菜，又称包头白菜或黄芽菜。它是十字花科、芸薹属，二年生草本，白菜类蔬菜。以叶球供食用。大白菜富含蛋白质、脂肪、多种维生素和钙、磷等矿物质以及大量粗纤维。大白菜除作为蔬菜供人们食用之外,还有药用价值。中医学认为,大白菜性味甘平,有清热除烦、解渴利尿、通利肠胃的功效,经常吃白菜可防止维生素 C 缺乏症(坏血病)。大白菜在我国南北均有栽培,尤其是北方地区栽培面积大,贮藏量多、贮藏时间长,是北方冬季市场上主要蔬菜之一。下面就介绍几种常用贮藏方法。

(一)生理特性

性喜冷凉湿润,温度过高容易腐烂且快速衰老。含水量高,保护组织部完善,极易蒸发水分而萎蔫。大白菜属耐贮蔬菜,贮藏期可达半年之久。在较长的冷藏过程中损耗较大,主要由脱帮、失水和腐烂引起。大白菜的品种、帮色、成熟度对其耐藏性有较大影响。贮藏的白菜应选择中完熟、青帮或青白帮品种。

(二)贮藏条件

1. 贮藏温度

(0±0.5)℃,温度过高容易腐烂,新陈代谢旺盛易衰老,缩短贮藏期。

2. 相对湿度

大白菜含水量高,保护组织不完善,极易蒸发水分而萎蔫,故相对湿度应控制在 95%～98%的高湿度条件下。

(三)采收与处理

1. 采收

采收前应停止灌水 10 d,以免植株含水量过高,组织脆嫩易造成机械伤而感染病害,不利贮藏。为防病虫害,要根据农药的残留时间的长短,决定最后一次喷药期,以使收获时残留量达到最低限度。要适时收获大白菜,采收早了,气温尚高,菜体易受热脱帮,不利贮藏和影响产量;采收晚了,菜在田间可能受冻,同样不耐贮。适时采收应以地区、气候而定,东北地区在霜降前后,华北地区在立冬前后。采收的标准以成熟度达到“八成心”为宜。

2. 晾晒

收获后的大白菜应放在平台上进行晾晒,一般为 3～5 d。使外叶失水、变软,减少机械损伤和抑制微生物的侵入。但晾菜不能过度,否则会降低抗病性和耐贮性。

3. 整理与预贮

经晾晒的大白菜运至窖旁,摘除黄帮烂叶。不要清理过度,不黄不烂的叶片尽量保留。同时进行分级挑选以便管理。整理结束温度较高时,应将晒好的大白菜进行预贮。如:将大白菜的根朝里,叶朝外,堆码成不超过 1 m 高的空心垛,堆放在窖外背阴处。注意做好防热和防冻(主要夜间)工作,待气温降到 1～ 2℃时即可入窖贮藏。

4. 药剂处理

在收菜前3～7 d在田间喷洒20～50 mg/L的2,4-D水溶液,或在采收后于窖外或窖内喷洒菜头或浸根,有抑制脱帮的作用。

(四)贮藏方法

1. 堆藏法

堆藏是一种简易的贮藏大白菜的方法。一般作预贮、少量贮藏和短期贮藏。最低气温不低于－6～－7℃的地区均可采用此方法。

选择地势平坦、干燥的地方。地面铺设一层4～5 cm厚的玉米秸秆,将整理、晾晒后的大白菜跟朝里,叶朝外码放成圆垛或长垛,每垛码7～8层。堆放时,菜要挤紧,每层菜间要交叉斜放一些细架杆,以便支撑菜体。最上层菜根部要相接,上面覆盖草帘保温。垛与垛之间要留1 m左右的空间,做人行道用。在管理期间要随着天气变化加盖或减少覆盖物。

2. 沟藏法

也叫埋藏法,是在露天地上挖贮藏沟,将大白菜置于沟中进行贮藏的一种方法。方法如下:选择地势平坦、地质结实,地下水位低,排水良好的地方,南白向挖沟。沟的深度依当地冻土层厚度以及是否贮藏越冬而定。宽度以5～6颗大白菜排列为宜,长度根据贮藏量而定,沟底可留有通风槽,保证适当的通风换气。挖好后晾晒2～3 d备用。将大白菜根部向下,依次排列在沟内,排列时要大小均匀摆放,使菜顶保持平齐,以便封土覆盖厚度一致。选择阴天或较凉爽的天气进行沟藏,便于保持沟内较低温度。大白菜码放好后,根据天气情况决定是否覆盖及覆盖厚度。初期,一般温度较高,可以不加覆盖,或稍加覆盖物遮阳。随着天气渐冷,可用干燥的土壤覆盖。覆土应分次进行,其厚度掌握在大白菜不伤热,覆土不被冻透为原则。贮藏期间要及时检查沟内温度,防止大白菜腐烂。

3. 窖藏法

窖藏是较经济、实惠而方便的一种贮藏方式。在华北、东北、西北地区应用极为普遍。窖藏优于堆藏和沟藏。不同地区窖藏的方法有所不同。南方较温暖,多采用地上式,北方寒冷地区多采用地下式,中原地区采用半地下式。

在霜降前后采收大白菜,白菜拔倒后放在垄台上晾1～2 d,然后放在菜窖附近码在背风向阳处,码垛时菜根向下排放在一起。四周用草覆盖,以防低温受冻。预贮可以增强抗寒能力,一般预贮20 d左右。将预贮后的大白菜送入窖中堆码。一般沿窖长方向堆码成一颗菜宽2 m、高2 m左右的菜垛,一个窖可码数垛。为防止菜垛倒塌,可用木棒或简易木框支撑,垛与垛之间要保持一定距离,以便通风和管理。码垛的大白菜一般上、下温差较大，每隔一定时间应进行一次倒垛，以平衡温湿度。倒垛的同时要剔除不宜继续贮藏的大白菜。

贮藏初期，窖温较高，大白菜易腐烂和脱帮。应加强倒垛，每天在外温低于库温时，打开通风口，降低窖温并排除不良气体。贮藏中期，严冬到来，窖温、菜温均低，要注意防冻。关闭窖的门窗和通气孔，中午可适当通风。此期间要减少倒垛次数，倒菜过程要尽量保护外帮，保护内叶。贮藏后期，气温回升，窖温随之增高，应以夜间通风为主，降低窖温，增加倒垛次数。

4.通风库贮藏法

利用通风设备来贮藏大白菜的一种方法。将大白菜摆放在固定菜架上，便于通风、散热和查看，倒垛次数较少。也可应堆筐代替菜架，将大白菜装入柳条筐或板条箱中，码成垛。

5.冷库贮藏法

将经过预处理的大白菜装入柳条筐或板条箱中，码放在冷藏库中，也可直接在冷藏库中堆垛。垛时要顺着冷库送风的方向码成长方形。筐、垛间均需留有一定空隙。要随时查看各层面、各部位的温度变化，通过机械输送冷空气来控制适宜温度。20 d左右需倒一次菜，倒菜时应注意变换上下层次。一般库内应用冷风降温，为防止白菜失水过多，可在筐垛四周及顶部覆盖一层塑料薄膜。采用此法贮藏白菜质量好，操作简单，可贮至第二年6月。

三、胡萝卜

胡萝卜，又名红萝卜，还有金笋、丁香萝卜之称。原产于中亚西亚一带，元代末传入我国。富含胡萝卜素。新鲜胡萝卜甜脆，皮平滑而无污斑。亮橘黄色表示胡萝卜素含量高。可用油烹食。

（一）生理特性

胡萝卜喜凉爽至温和的气候条件。没有生理休眠期，在贮藏期间遇到合适的条件就会萌芽抽薹造成糠心。萌芽与糠心会使肉质根失重，糖分减少，组织绵软，风味变淡，降低食用品质。胡萝卜贮藏时，可能会出现苦味，主要是由于乙烯诱发的不正常代谢引起的。除此之外，胡萝卜在贮藏期间还会经常出现表面褐变和氧化褪色现象。

（二）贮藏条件

1.贮藏温度

适宜的贮藏温度为0～1℃。若温度高于4℃，贮藏2～3个月后就会抽薹、糠心或腐烂；温度低于－1℃时又容易发生冻害。

2. 相对湿度

适宜的相对湿度是 90%～95%。

（三）采收

用于贮藏的胡萝卜应选择皮色鲜艳，肉质根细长，根茎小，心髓小的耐藏品种。适时采收对胡萝卜品质及贮藏十分重要，一般在霜降前后采收较为适宜。采收太早，品质差，产量低；采收太晚，易受冻和发生糠心，受冻的胡萝卜不能贮藏。

（四）贮藏方法

1. 沟藏法

选择地势较高、排水良好、土质黏重保水力较强的地块带挖沟贮藏。沟以东西向为好，沟宽 1～1.5 m，沟深根据土层温度而定，一般要比当地冬季的冻土层再稍深 0.6～0.8 m，长度视贮藏量而定。

胡萝卜可散堆在沟内，头朝下，根朝上，一层胡萝卜一层土；也可分层堆放，码 3～4 层胡萝卜再覆土，随天气变化分层覆土，覆土总厚度 75～100 cm。湿度偏低时可浇一定量的清水，使土壤含水量达 18%～20%。沟内不能积水，一般一次出沟上市。

2. 窖藏法

选择向阳背风处挖一深 1.5～2 m 的土窖，窖的长、宽可根据贮藏量而定。窖挖好后晾晒 2～3 d，待地面结冻时，选择无病虫害的直根胡萝卜下窖。将收获的胡萝卜在露地风晾 1 d，勿暴晒。在窖内码放成方形或圆形垛。码垛时每层胡萝卜上面覆一层土。码垛后用木杆和秫秸盖窖棚，并留出 70～100 cm 见方的窖口。入窖初期，窖内外的温度都比较高，尽量打开窖口，以防胡萝卜伤热腐烂。窖藏中期，气温较低，盖好窖口，保湿防冻。为降低窖内温度，可选择晴天中午打开窖口适当通风换气。窖藏后期，气温回升，白天应关紧窖口，夜间敞开通风，保持窖内的低温状态。窖内温度控制在 0～2℃，相对湿度为 90%～95%。在适宜条件下，可贮藏到第二年 4 月。

3. 通风库贮藏法

将胡萝卜散堆或装筐码垛，堆高 80～100 cm。堆不能过高，否则会因堆内温度高而使胡萝卜腐烂。为便于通风散热，可在堆内每隔 1.5～2 m 设一通风塔。贮藏期间一般不翻动，立春前后全面检查一次，剔除腐烂的胡萝卜。如果在库内用湿沙土与胡萝卜层积，贮藏效果更佳。在贮藏期间要注意库内温度变化，及时调整，以防温度过低造成冻伤。

4. 冷库贮藏法

将胡萝卜放在0℃及相对湿度为98%～100%的贮藏库内贮藏。适当通风，保持一定的湿度，可贮藏4～5个月。贮藏期间温度要维持在0℃低温状态，可以延缓发芽，产生较少的乙烯，不易变苦。可将胡萝卜事先放在0.01%的磷酸钠溶液中浸一下，有效防止腐烂。

5. 塑料薄膜贮藏法

塑料薄膜贮藏是利用自发气调的原理，在窖内或库中采用薄膜半封闭或全封闭处理，对抑制脱水和发芽有明显的效果。按照贮藏数量大小的要求建造地窖，按需要粘好塑料薄膜帐子。选取无病害、无机械伤的胡萝卜备贮。薄膜半封闭贮藏时，将胡萝卜在窖内堆成长4～5 m，宽1～1.2 m，高1.2～1.5 m的长方体堆，当窖内温度下降到0℃时，套上薄膜帐子，堆底铺塑料薄膜。此法能适当降低氧气，积累二氧化碳，保持湿度，延长贮藏期至6～7个月，保鲜效果好。在贮藏期间要定时揭帐通风换气，必要时进行检查挑选，剔除染病的胡萝卜。

6. 塑料袋小包装贮藏法

把胡萝卜装入聚乙烯塑料薄膜袋中，每袋1 kg，扎紧袋口放在1℃条件下贮藏，放在阴凉干燥处散水3～5 d，密封袋口，放在阴凉、干燥室内贮藏。

任务三 酱菜加工

【知识目标】

学会制作酱黄瓜的操作方法。

掌握制作酱黄瓜的配方。

【能力目标】

能对原材料进行正确的预处理。

按操作方法制作出合格的酱黄瓜成品。

一、任务准备

1. 材料

鲜黄瓜、食盐、甜面酱、调味料等。

2. 仪器(设备)

缸。

二、任务实施

(一)配方

鲜黄瓜 50 kg,食盐 10 kg,甜面酱 15 kg,白糖 10 kg,大料 0.3 kg,花椒 0.3 kg。

(二)操作方法

1. 原料选择

选用瓜条顺直、顶花带刺、鲜嫩无籽的小黄瓜为原料。

2. 原料预处理

(1)清洗　用清水将黄瓜刷洗干净,沥干水分。

(2)修整　黄瓜较老时需将瓜条剖开,掏出籽瓤。也可将黄瓜用刀切分成要求规格的块状或条状。

3. 盐渍

先将大料、花椒与食盐按比例混合均匀,再将鲜黄瓜与调味食盐按 5∶1 的比例,一层黄瓜一层盐装入缸内进行腌制。装缸时要层层压紧,顶层撒满盐,压上石块。每天翻动 2 次,连续翻动 2 d 就可使盐分充分渗入黄瓜内部。然后捞出。

4. 脱盐

将盐渍好的黄瓜用清水淘洗 3 次,沥干水分备用。

5. 酱渍

将白糖与甜面酱在缸内混合搅拌均匀,倒入盐渍好沥干水分的黄瓜,每天翻动 1 次,酱渍 7～15 d 即可成为成品。

三、制作过程的注意事项

盐渍过程要注意鲜黄瓜与食盐的正确配比,一层黄瓜一层盐。装缸要压紧,要定期翻动。

四、考核评价

(一)实训操作标准

见表 7-6。

表 7-6　酱菜加工操作标准

序号	训练项目	工作内容	技能要求	满分 100 分
1	准备工作	(1)清洁工作	能发现并解决卫生问题	5
		(2)检查工器具	检查设备运行是否正常	5
2	原料选择与处理	(1)选择	按照不同加工类型的腌渍菜选择合适的原、辅料	20
		(2)预处理	能根据不同产品工艺要求对原料进行正确处理	20
3	配制调料水	根据不同类型腌渍菜，正确配制各种配比的调料水		20
4	装坛、密封	根据不同类型腌渍菜控制好装坛和密封过程		20
5	储存/发酵	根据不同类型腌渍菜选择合适的储存或发酵条件		10

（二）考核要点及参考评分

把腌渍蔬菜的品质分为感官、理化和微生物三个部分来评定，感官部分占40%，包括色泽、香气、滋味、体态、质地五个部分。理化的评价占总分的40%，微生物的评价占总分的20%。一个标准的腌渍蔬菜很难达到95分以上，但最低不可低于85分。各细则评分的办法。见表7-7。

表 7-7　酱菜加工考核要点及参考评分

	项目	要求	满分 100 分
感官评分	色泽	具有各种蔬菜各自应有的色泽	5
	香气	具有本品特有的香气	10
	滋味	具有本品特有的滋味	10
	体态	整齐、规格大小一致，厚薄均匀，无浑浊、无杂质	10
	质地	脆、嫩	5
理化评分	水分/%	≥10	10
	食盐（以氯化钠计）/%	3.5(可无糖)	10
	总酸（以乳酸计）/%	0.5～7.5	10
	食品添加剂	按 GB 2760—86 规定执行	5
	黄曲霉毒素 B1	按 GB 2761—86 规定执行	5
微生物评分	大肠菌群近似值/(个/100 g)	≤30	10
	致病菌	不得检出	10

（三）实训评分

见表7-8。

表7-8 酱菜加工实训评分

1	实训操作工作作风	(1)在实训过程中出满勤 (2)工作态度认真，具有团队合作精神	10 10
2	实训报告	总结内容全面，比较深刻	30
3	实训操作总分	占实训操作标准评分的30%	30
4	产品考核要点总分	占产品考核要点及参考评分的20%	20
	实训总分		满分为100分

（四）考核方式

实训地现场操作。

五、思考与练习题

（一）名词解释

蔬菜腌制。

（二）填空

1.蔬菜腌渍时，（　　　　）、（　　　　）、（　　　　）在增加制品风味的同时，也能改善制品的色泽。

2.蔬菜腌制品的发展方向是（　　　　）、（　　　　）、（　　　　）。

3.非发酵性腌制品分为4种，即（　　　　）、（　　　　）、（　　　　）和（　　　　）。

（三）选择

1.乳酸发酵的适宜温度在（　　）范围内，不宜过高。

A.70～73℃　　B.30～35℃　　C.43℃　　D.80℃

2.制作泡菜、酸菜是利用（　　）。

A.乳酸发酵　　B.醋酸发酵　　C.蛋白质分解　　D.酒精发酵

3.供腌制使用蔬菜的含糖量应为（　　）。

A.1.5%～3.0%　　B.7.0%～8.0%　　C.3.0%～4.0%　　D.2.0%

（四）简答

1.蔬菜腌制过程中，盐主要有哪些作用？

2.蔬菜腌制品常出现哪些质量问题？采取何种控制措施？

3.影响蔬菜腌制的因素有哪些？

【知识链接】

一、蔬菜腌制中滋味是如何形成的

1. 蛋白质水解(呈鲜味)

蛋白质在蛋白酶的作用下水解为多肽,再在多肽梅作用下水解为氨基酸,氨基酸本身具有一定的鲜味、甜味、苦味和酸味。如:

鲜味:谷氨酸、天冬氨酸等。

香味:丙氨酸、美拉德反应。

甜味:甘氨酸、组氨酸、丝氨酸等。

2. 发酵作用

(1)发酵产物本身　乳酸、醋酸、乙醇等(酸味、醇香)。

(2)化学反应　发酵产物之间、发酵产物与原料及调味辅料之间如酯类(香味)。

(3)原料成分　a. 呈香物质:芦笋-二甲基硫、丙烯酸;b. 芥子苷类。

(4)佐辅料　糖液、酱汁、辣椒、姜蒜等。

二、黄瓜

黄瓜也称胡瓜、青瓜,属葫芦科植物,广泛分布于我国各地。味甘,性凉,富含糖类、氨基酸、维生素等多种营养成分。是人们十分喜爱的蔬菜之一。

(一)生理特性

黄瓜鲜嫩多汁,味道清香,表皮鲜绿。代谢旺盛,外皮保水能力差,采收后营养物质消耗很快,极易失水萎蔫。对乙烯敏感,可使黄瓜褪绿变黄。质地脆嫩,稍有损伤就会被病原菌感染而腐烂变质。

(二)贮藏条件

1. 贮藏温度

温度控制在10～13℃。温度低于10℃容易造成冷害,高于15℃则迅速变黄、变糠甚至腐烂。

2. 相对湿度

相对湿度应在90%～95%,低于90%黄瓜会很快失水变软。

3. 气体成分

黄瓜对气体成分较敏感,CO_2:2%～5%,O_2:2%～5%。CO_2浓度高于10%会引起气体伤害,表现为瓜皮出现不规则的褐斑。黄瓜自身生成的乙烯会加速后熟进程。

(三)采收及处理

用于贮藏的黄瓜应比立即上市的瓜稍嫩一些。在晴天早晨采收。采摘植株中部生长的直条健壮的瓜,切勿采收接近地面的瓜和瓜秧顶部的结头瓜。要认真挑选贮藏的黄瓜,形状不规则、过老、过嫩、病虫害、机械伤的瓜不宜贮藏。挑选后的瓜要整齐排放在浅条筐(或箱)内,留出 10 cm 顶隙,防止挤压碰伤。入库前要用 1∶5 的虫胶水溶液加 0.2%~0.4%的苯来特(或多菌灵,或甲基托布津)涂被,可以减少贮藏病害,提高保鲜效果。

(四)贮藏方法

1.缸藏法

先将缸刷洗干净,置于阴凉处。黄瓜入缸的前一天倒入 10~20 cm 洁净的清水,在距水面 7~10 cm 处放一木板钉成的十字或井字形的木架,其上放一带有小孔的木板。黄瓜入缸时要轻拿轻放,瓜头朝下竖着码齐,码完一层后再加带孔木板(不能压着黄瓜)再码第二层。这样码至 2~3 层后距缸口约 10 cm,最后用牛皮纸覆盖缸口,四周用绳捆好。前期注意防热,并经常检查,后期随气温降低,在缸的四周围上保温防寒物。

2.地下式土窖贮藏法

窖内搭成架子,将黄瓜码于架上,上、下分别铺盖一层塑料薄膜保湿。也可装筐码垛贮藏。如果用塑料薄膜贮藏,以小袋为宜,每袋 3~5 根黄瓜,松扎口或打孔。入贮时要对果实严格挑选,贮藏中,尽量保持要求的温度和湿度。要经常检查,以免腐烂造成损失。

3.水窖贮藏法

在地下水位较高的地方,东西向挖深约 2 m、宽约 1 m、长 6~10 m 的窖。窖底有一定坡度,低端挖一深井,以防积水太深。坑的四周用土筑成厚 0.6~1 m,高约 0.5 m 的土墙。窖墙上架设木檩,其上铺 25~30 cm 厚的苇席,并覆土厚 19 cm,构成棚顶,棚顶开设 0.5~0.7 m^2 的天窗通风。窖内高约 1.7 m,水深约 0.5 m,在贮藏架上铺一层苇席,四周再围以草席,以免黄瓜与壁接触,然后用草秆纵横格成 3~4 cm 见方的格子,将黄瓜柄朝下插入格中,以免黄瓜之间擦伤。摆好后用湿席盖在上面,入窖初期白天关闭门和通风口,夜间通风降温,5~7 d 检查 1 次,及时挑出萎蔫黄瓜,室温大多在 5~10℃之间。

4.保鲜库气调贮藏法

采用保鲜库气调贮藏黄瓜,贮藏 40 d,好瓜率达 75%。具体是先将库内搭宽 85 cm,长不定,层高 45 cm 的贮藏架,架与架要连接平稳。贮藏前要进行库内消毒，用 15～20 g/m^{3}碎硫黄，点燃密闭 24 h，打开门窗排出库内残留雾。

贮黄瓜前要将库房提前预冷 8℃左右，在摆前先将塑料薄膜铺好，再微铺一层稻草秸，将挑选好的黄瓜按每层架 3～5 层摆放，等库温稳定在 8℃后，在每层加放一些消石灰和乙烯吸剂来吸收多余的二氧化碳和乙烯，然后进行封帐。封帐后，利用制氮机充氮降氧，调节帐内氧 2%～5%，二氧化碳也维持在 5%以内。

采用气调贮藏黄瓜，任何一个环节掌握不好都会使黄瓜腐烂。为此，除掌握好气体成分、湿度等各个环节外，还要特别注意库内温度变化，如果库温变化过大，会产生结露，这种结露水滴到黄瓜表面后，会引起黄瓜腐烂。

5. 塑料袋装藏法

小型塑料食品袋，每袋 1～1.5 kg，松扎袋口，放入室内冷凉处，夏季可贮藏 4～7 d，秋冬季室内温度较低可贮藏 8～15 d。

6. 筐贮法

采前将筐及草袋清洗干净并消毒，再将草袋浸湿铺在筐底及四周，入筐时黄瓜柄朝里，头朝筐壁，层层码至离筐口 3～5 cm 为止，筐面上用消过毒的湿麻袋盖上，湿度以不滴水为宜。贮存期间，每隔 5～7 d 检查 1 次，及时挑出萎蔫瓜条以防腐烂。

7. 盐水保鲜法

在水池里放入食盐水，将黄瓜浸泡其中。3～5 d 换 1 次水，此法 18～25℃的常温下可保存 20 d。

8. 沙藏法

将河滩细沙洗去土，放入锅内炒干消毒，晾至室温后喷水湿润，铺在容器底部 2～3 cm。码一层黄瓜，铺一层沙，顶部用沙覆盖。将容器放入阴凉室内或窖内，7～8℃存放 20～30 d，可保持黄瓜色香味正常。

9. 气调贮藏法

贮温为 10～13℃，控制含氧量为 2%～5%以下，用 0.1%～0.2%甲基托布津加 1∶5 虫胶混合液涂被，在气调帐内放置高锰酸钾饱和液浸泡的砖块载体，以吸收乙烯，延缓后熟过程。

10. 涂膜保鲜法

采用一定量的蔗糖脂肪酸酯，加入定量的水，加热至 60～80℃搅拌溶解，并缓慢加入一定量的海藻酸钠，继续搅拌至充分溶解，冷却至室温备用。将黄瓜浸到涂膜液中，浸渍 30 s 后取出黄瓜自然风干，用塑料袋包装至室温下贮藏，此法可贮 10 d 以上。

三、鲜辣椒

辣椒是双子叶植物纲茄目，一年或多年生草本植物，原产于南美洲热带地区。有辣味，供食用。辣椒中含有丰富的维生素 C、β-胡萝卜素、叶酸、镁及钾、辣椒素等营养成分。其中辣椒素还具有抗炎及抗氧化作用。

(一)生理特性

辣椒有喜温、怕涝不耐旱、喜肥、喜光而又较耐弱光的特性。

(二)贮藏条件

1. 贮藏温度

辣椒贮藏温度控制在 8～10℃。温度低于 7℃容易造成冷害，果面会出现水浸状软烂或脱色圆形水烂斑点；高温则加快后熟和腐烂。

2. 相对湿度

相对湿度应在 85%～90%，同时需要良好的通风条件。

3. 气体成分

CO_2：2%～3%，O_2：2%～4%。

(三)贮藏方法

1. 埋藏法

又称沟藏，是在背阴处挖宽和深各 1 m，长度视贮藏量而定。将采收后经挑选后的辣椒直接放入沟内贮藏，散堆或装筐均可。散堆，沟底铺设 10 cm 厚的细沙，上面堆放 30～50 cm 的辣椒，上面再撒一层湿沙。装筐，筐内要衬有湿蒲包等物，每筐装 20～25 kg，上盖湿蒲包，码垛在沟内，上撒一层湿沙。贮藏前期要注意防热，每隔 10～15 d 检查一次，筐装辣椒可随时拿出通风散热。贮藏后期要注意防寒，根据气候变化及时加盖覆盖物，雨雪天气要盖上塑料薄膜，防止雨雪水进入沟内。此法可贮藏 40～50 d。

2. 草木灰贮藏法

霜降前，将成熟的鲜辣椒采收后，挑选未受霜冻、无病虫害、无机械损伤的果实。晾干表面水分待藏。室内用砖砌一池子，高 50～80 cm，大小视室内面积及贮量而定。底铺一层 7 cm 厚的草木灰，上面放一层辣椒，辣椒周围留有空隙，用草木灰隔开，上盖 5 cm 厚的草木灰，依此类推，最后顶端在覆盖 10 cm 草木灰。平时不用检查，吃时用一层扒一层。

3. 窖藏法

将采收后挑选好的辣椒放入窖内，可采用散堆或筐装贮藏。散堆，窖底垫沙，堆高以 30～40 cm 为宜，上面用湿草袋(或蒲包)覆盖。筐装，先在筐内衬一层薄纸，每筐装辣椒 10～15 kg，装满辣椒后上面盖一层纸，加盖，呈“品”字形堆码，这种方法容易失水，要注意保持窖内的湿度，10 d 左右检查一次，挑出红果和腐烂果。夜间气温低时要打开窑门通风降温，要保持湿度注意加湿。

4. 保鲜库贮藏法

保鲜库贮藏是最理想的贮藏方法，可自动控制温度，保鲜效果好。

(1)大帐贮藏　将预处理好的辣椒装入消过毒的箱内，每箱 5～10 kg。用 2.3～3 mm 透气性好的塑料膜将架底铺好，将装好箱的辣椒放在架上，待辣椒上架冷透后要迅速扣帐密封，封帐后应在帐的四周开几个 8～10 cm 的小窗，便于通风补氧，降低二氧化碳浓度。一般贮藏前期 15～20 d 补氧一次，后期 7～10 d 补氧一次(每次补氧 5～10 min)。为防止下部二氧化碳积聚，引起伤害，可在帐内撒一些消石灰，来吸收多余的二氧化碳。

(2)小包装平架贮藏　将预处理好的辣椒装入箱内，每箱不超过 5 kg，用透气性好的保鲜袋套在箱子的外围，注意装箱易少不易多，过多会引起二氧化碳积聚，造成腐烂。码垛时，垛与垛之间要留 5～10 cm 的空隙，库顶要留 50 cm，架底要撒一层消石灰。在贮藏时最好使用辣椒防腐剂，严格把关，可贮藏 65～70 d。

5. 带秸秆民宅贮藏

在晚秋辣椒基本成熟后，将辣椒带秸秆用镰刀从根部割起。在割时，要注意防止辣椒受伤。在运输时要轻装、轻拿。用普通民宅，先用 0.5%的漂白粉水喷洒房内的墙壁和地面进行消毒。然后将带秸秆的辣椒整齐地码在房内，最好垛与垛之间留 50～70 cm 人行道。等外界气温过低时要堵好门窗，注意保温加湿(加湿可用湿草帘覆盖)，这样也可贮藏 40 d 左右。

任务四　糖醋蒜的加工

【知识目标】

学会制作糖醋蒜的操作方法。

掌握制作糖醋蒜的配方。

【能力目标】

能对原材料进行正确的预处理。

按操作方法制作出合格的糖醋蒜成品。

一、任务准备

1. 材料

大蒜、调味料等。

2. 仪器(设备)

缸、坛。

二、任务实施

(一)配方

鲜大蒜头:100 kg,食盐 10 kg,白糖 20 kg,食醋 36 kg。

(二)操作要点

1. 原料选择

选用鳞茎颗粒整齐、肥大、肉质鲜嫩、蒜皮白色、七八成熟的新鲜大蒜头为原料。剔除有病、虫害和严重机械伤害的蒜头。

2. 预处理

削去须根和茎叶,但要保留 1.5～2 cm 长的假茎,以防蒜头表面粗老的鳞片,留 2～3 层嫩皮,用清水漂洗,沥干水分。

3. 盐腌

按鲜蒜头与食盐 10∶1 的比例,将蒜头与食盐逐层装入缸中摆平,进行盐腌。通过盐腌可使蒜头紧缩,防止散瓣,并可脱除部分蒜的辛辣味。

4. 倒缸

盐腌过程中,每天早晚要各倒缸一次,直至盐卤能腌到全部蒜头的 3/4 处为止,在缸中蒜头的中央留一个空穴,以使盐卤流入空穴中,每天用勺将缸内盐卤浇淋在缸面蒜头上,连续浇淋 7 d,即为咸蒜头。

5. 晾晒

将腌好的咸蒜头捞出,摊放在竹席上晾晒。日晒时要经常翻动,夜间需覆盖防雨。一般晾晒 3～4 d,晒至蒜皮有韧性为止。

6. 糖醋液的配制

按每 100 kg 半干咸蒜头,用食醋 70 kg、白糖 32 kg。先将食醋煮沸后,加入白糖,使其溶解,搅拌均匀,晾凉,制成糖醋液备用。

7. 糖醋渍

将半干的咸蒜头装入干净的坛中，边装边轻轻压紧，一般装至半坛或2/3坛，留有一定的空隙，灌入配好的糖醋液，浸渍。糖醋液用量与蒜头的比例，一般为(0.8～1)∶1。

8. 封坛

装好坛后，在坛口处用竹片呈十字形卡住，以防蒜头上浮。用塑料薄膜覆盖好坛口，用绳捆扎封严坛口；也可用油纸、牛皮纸覆盖坛口，用绳捆扎，再涂敷三合土将坛口封闭严密。30～40 d即可成熟。

9. 储存

糖醋蒜放在阴凉、干燥的条件下储存，防止日光暴晒或温度过高，同时经常保持坛口良好的密封条件，防止因封口不严受到潮湿或进入不干净的水，而引起糖醋蒜的软化、腐败、变质。

三、制作过程的注意事项

按照正确比例进行盐腌，定期进行倒缸。要注意存储条件，选择通风，干燥、阴凉的地方，防止暴晒，严格密封。

四、考核评价

(一)感官指标

具有糖醋蒜固有的色、香、味、无杂质、无其他不良气味，不得有霉斑白膜。

(二)理化指标

见表7-9。

表7-9 糖醋蒜理化指标

项目	指标
砷/(mg/kg)	≤0.5
铅/(mg/kg)	≤1
食品添加剂	按GB 2760规定
亚硝酸盐	按GB 15198规定

(三)卫生指标

见表7-10。

表 7-10 糖醋蒜卫生指标

项目		指标
大肠菌群/(MPN/100 g)	散装	≤90
	瓶(代)装	≤30
致病菌(系指肠道致病菌)		不得检出

五、思考与练习题

(一)填空

1. 蔬菜在发酵性腌制中,主要进行(　　)发酵,并伴随(　　)和(　　)。

2. 蔬菜经(　　)、(　　)、(　　)三个发酵阶段后完成乳酸发酵的全过程,泡菜最适食用期在(　　)。

3. 蔬菜腌制品鲜味主要来源是由谷氨酸和食盐作用生成(　　)。

4. 蔬菜的腌制品种类很多,大体可分为(　　)和(　　)两大类。

(二)选择

1. 腌制用食盐应纯净,所用水应呈(　)。

A. 酸性　　B. 碱性　　C. 中性　　D. 微碱性

2. 发酵性腌制品其含盐量在(　)以下,主要进行乳酸发酵。

A. 3.0%~4.0%　　B. 1.5%~3.0%　　C. 7.0%~8.0%　　D. 2%

3. 除(　)外,其他有害微生物抗酸性都不如乳酸菌和酵母菌。

A. 细菌　　B. 霉菌　　C. 芽孢杆菌　　D. 以上皆非

(三)简答

1. 影响乳酸发酵的主要因素有哪些?

2. 简述蔬菜腌制的基本原理。

3. 泡酸类在腌制初期会发现从底部冒出气泡,到后期气泡又会消失,请详细解释这种现象发生的原因。

4. 简述腌制对蔬菜的影响。

【知识链接】

一、影响蔬菜腌制的因素

(1)食盐的质量和用量;(2)酸度;(3)温度;(4)气体成分;(5)蔬菜原料;(6)香

料;(7)卫生条件腌制用水质量。

二、大蒜

大蒜属百合科葱属。大蒜营养丰富,含有蛋白质、脂肪、碳水化合物、钙、磷、铁、维生素 C。此外,还含有硫胺素、核黄素、尼克酸、蒜素、柠檬醛以及硒和锗等微量元素。大蒜具有强大的杀菌能力,能消灭侵入体内的病菌。它还有助于维生素 B_1 的吸收,促进糖类的新陈代谢以产生能量,并缓解疲劳、提升免疫力。

(一)生理特性

大蒜成熟时外部鳞片干枯成膜质,进入休眠期,利于贮藏。收获后应及时给予高温干燥的环境,使大蒜迅速进入休眠状态,低温和干燥是延长休眠期的有利条件。休眠期后能控制好贮藏条件就能很好地抑制生根和发芽。

(二)贮藏条件

1. 贮藏温度

大蒜耐寒性强,贮藏适宜温度为−1～−3℃。温度高于 5℃时,大蒜易发芽,高于 10℃时易腐烂,低于−7℃时易受冻害。

2. 相对湿度

大蒜喜欢干燥,相对湿度控制在 80%以上。相对湿度过高,鳞茎吸水受潮,大蒜表面易霉变,并逐渐影响内部质量;相对湿度过低,干耗大,大蒜易干瘪。

3. 气体成分

O_2:1%～3%;CO_2:12%～16%。贮藏环境中某些气体,如乙烯、乙醇、乙醛等,影响大蒜的保鲜,应设法避开或排除这些气体。

(三)采收及晾晒

大蒜的收获期应根据成熟度而决定。收获过早,蒜头组织不充实,含水量高,干后易干瘪,不耐贮,产量低;收获过迟,蒜皮变黑,易散瓣,商品性差。当蒜叶大都干枯,上部叶片由褪色到叶尖干枯慢慢下垂,植株处于柔软状态,茎秆不易折断时为收获适期。一般是在蒜薹收后 15～20 d,叶片枯萎,假茎松软为宜。

蒜头收获后,就地晾晒,经常翻晒。翻晒时应把后排的蒜叶搭在前排的蒜头上,依次排好,只晒叶,不晒头,晾晒 2～3 d 贮藏。切忌把蒜头放在太阳光下曝晒,否则蒜瓣易收缩,外层发黏,蒜味降低,贮藏易变质、腐烂。

(四)贮藏方法

1. 挂藏

收获后的大蒜,先在田间曝晒 2～4 d,或在烘房内(控温 30～40℃,相对湿度

50%～60%)进行快速干燥鳞茎,使之进入休眠期。干燥后的大蒜进行挑选(也可在干燥前进行),剔除机械伤和病虫害的蒜头。然后每8～10个蒜头编成一组,挂在通风良好的屋檐下或其他地方贮存。贮藏中应注意不要使蒜头受潮、雨淋。

2. 架藏

选择通风良好、干燥的室内场地,有通风设备的场所更好。室内放置木制或竹制的梯架,架子可搭成台形和锥形等。梯架横隔间距要大,以利于空气流通。将编好的蒜头分岔于横隔上,不要过密,注意通风,防止受潮。

3. 窖藏

利用地下温度、湿度受外界影响较小的特点,创造一个稳定的鲜藏环境。大蒜在窖内可散堆,也可围垛。最好窖底铺一层干麦秆或谷壳,然后一层大蒜一层麦秆或谷壳,不要堆得太厚,窖内设置通风孔。

4. 糠藏

利用砻糠埋藏大蒜。砻糠具有绝缘性,能保持相对稳定的温度,同时还造成了一定程度的密封条件,抑制大蒜的呼吸作用,有利于贮藏环境中少量CO_2的聚积,氧气含量的相对降低。方法是先在箱、筐或埋藏坑的底部铺一层厚约2 cm的砻糠,然后一层大蒜一层砻糠,如此堆至离容器口5 cm左右时,最上面仍用砻糠覆盖,不能使大蒜暴露在空气中。此方法保鲜效果较好。

5. 机械冷藏

大蒜入库前应先将库房的清扫干净,然后对库房及所用包装容器等进行杀菌消毒。在入库前3 d,对库房进行降温,使库温达到－1～－2℃。采后大蒜先进行高温诱导休眠处理,方法同挂藏。去除根须,留1～1.5 cm的假茎,对大蒜进行挑选分级,去除病虫害和机械伤的蒜头,然后装筐、装箱或网袋等包装入库。可直接码放在库内,注意码垛不要太大,垛与垛之间要留一定距离,有条件的可在库内搭架。大蒜冷藏期间,最适温度－1～－2℃,相对湿度为55%～60%。贮藏过程中应保持库温的恒定,定期检查鲜藏大蒜的质量,发现问题及时处理。产品出库应缓慢升温,防止蒜鳞茎表层结露。

6. 高温贮藏

将采收后的大蒜一直放在高温30℃环境中贮藏,可保鲜一年以上也不发芽,蒜瓣仍保持丰满状态。例如,我国南方的烤蒜,就是将采收后的大蒜在40～50℃下烘烤,是幼芽丧失发芽能力,达到长期贮藏保持品质的目的。

7. 化学制剂贮藏

大蒜采收前7 d内,用0.02%马来酰肼溶液喷洒茎叶。若喷药后24 h内遇雨则需补喷一次。将大蒜编成辫,码放或悬挂在通风库内,少量贮藏也可放在通风阴凉的室内。

8. 辐射贮藏

利用射线照射大蒜，可抑制大蒜发芽，达到长期贮藏的目的。用 γ 射线照射，经过风干并剪下来的蒜头来抑制大蒜发芽，而蒜瓣本身不发生任何变化。

9. 塑料张气调贮藏

采用快速降氧法或自然降氧法进行贮藏。用 0.23～0.40 mm 厚的聚乙烯塑料薄膜帐，在帐底先铺一层塑料布，其上铺一层草帘、刨花或枕木等，帐与底布用土埋好封严。帐两头设有袖口，四壁有取样孔。控制帐内 $O_2 > 2\%$，$CO_2 < 16\%$，若超出这一标准应用鼓风机进行帐内换气。帐内壁的水滴可用无水氯化钙吸收。贮藏中药勤检查，一般隔 25～30 d 翻垛检查一次，剔除病、烂大蒜，并擦干帐内壁的水滴，同时调换帐内存放的无水氯化钙或消石灰。翻垛时应尽量减少大蒜在空气中的暴露时间。翻垛后，按气体成分要求迅速调节处理。

实训项目八　果蔬汁加工综合实训

【知识目标】

学会果蔬汁制作的基本工艺流程。包括能掌握原料的各种加工方法并且能正确使用各种机械设备。

【能力目标】

能对原材料进行正确的预处理。

按工艺流程生产出合格的果蔬汁成品。

任务一　果蔬汁一般生产工艺

【知识目标】

学会果蔬汁制作的一般工艺流程。

能掌握原料的各种加工方法并且能正确使用各种机械设备。

【能力目标】

能对原材料进行正确的预处理。

按一般工艺流程生产出合格的果蔬汁成品。

一、任务准备

1. 材料

各种新鲜果蔬、糖、柠檬酸、食品添加剂。

2. 仪器(设备)

破碎机、清洗机、榨汁机、灌装机、均质机、过滤机、杀菌锅等。

二、任务实施

(一)工艺流程

原料的选择→预处理→取汁→粗滤→原汁→{澄清→过滤；均质→脱气；浓缩}→

调整成分→杀菌→装瓶→{澄清果蔬汁；浑浊果蔬汁；浓缩果蔬汁}

(二)操作步骤(以澄清型果汁为例)

1. 原料的选择

选择新鲜,无病虫害、无腐烂变质的果蔬。要求具有良好风味和芳香味、汁液丰富、容易取汁、出汁率高、酸度适中、色泽稳定等特点。

2. 预处理

(1)洗涤　一般采用流动水冲洗、喷水冲洗或浸泡洗涤。对于农药残留较多的果蔬可采用化学溶液清洗。使用0.06%～0.1%的高锰酸钾或0.05%的漂白粉,或0.1%的稀盐酸浸漂6～12 min,然后用清水反复冲洗。

(2)原料的破碎和打浆　为提高原料的出汁率,需在取汁前进行破碎和打浆。使用设备有破碎机、磨碎机及打浆机等。破碎时要注意大小均匀,破碎度要适当。苹果、梨用破碎机破碎,大小3～4 mm;草莓、葡萄2～3 mm;樱桃5 mm;橘子、番茄使用打浆机破碎。

(3)加热处理及加果胶酶处理　为改变果蔬细胞通透性,软化果肉,破坏果胶质,降低汁液黏度,加快榨汁速度,提高原料的出汁率,通常在取汁前进行加热或加果胶酶处理。

①加热处理　一般处理条件为65～75℃,15～20 min。也可采用管式热交换进行间接加热。带皮橙类取汁时,为减少汁液中果皮精油的含量,可预煮1～2 min。对于宽皮橘类,为便于去皮,可在95～100℃热水中预煮30～50 s。

②加果胶酶处理　一般按果蔬浆质量的0.02%～0.03%加入,温度控制在40～45℃,时间2～4 h。要使果胶酶制剂与果肉均匀分布在果浆中,也可用水或果汁将酶配成1%～10%的酶液再按需加入。

3.取汁

预处理之后的果蔬原料应及时进行取汁处理。一般可采用压榨取汁和浸提法取汁。

(1)压榨法　利用外部机械挤压力,将果蔬汁从果蔬或果蔬浆中挤出的过程称为压榨。大多数果实可通过破碎榨取果蔬汁,但某些水果,如石榴果实和柑橘类果实等,有一层很厚的外皮。榨汁时外皮中的不良风味和色素物质会一起进入果汁中;同时柑橘类果实外皮中的精油,含有极易变化的苎萜,容易生成萜品物质,具有异臭;果皮、果肉皮和种子中存在柚皮苷和柠檬碱等导致苦味的化合物。为避免上述物质进入果汁中,不宜采用破碎压榨取汁法,而应采用逐个榨汁的方法。石榴皮中含有大量单宁物质,应先去皮后进行榨汁。

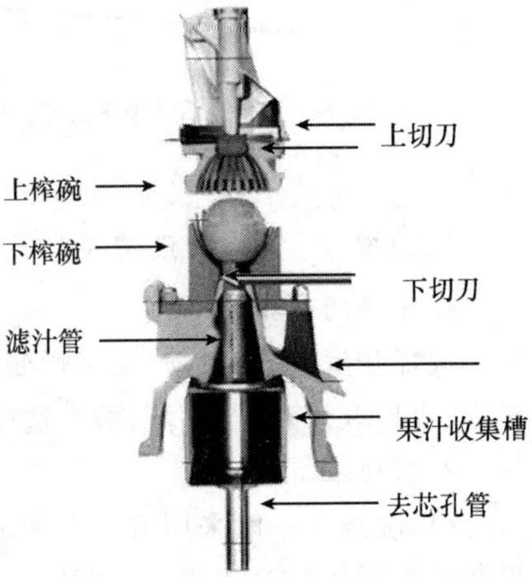

图 8-1　榨汁机

采用的榨汁机(图 8-1)有杠杆式压榨机、螺旋式压榨机、液压式压榨机,切半锥汁机、带式压榨机、轧辊式压榨机、柑橘榨汁机、离心分离式榨汁机、控制式压榨机等。

采用冷榨法和热榨法。冷榨法是在常温下对破碎的果肉进行压榨取汁,工艺简单,但出汁率低。热榨法是对破碎的原料立即进行热处理,温度为 65～75℃,在加热条件下进行榨汁,提高出汁率。

(2)浸提法　对于果蔬汁含量少的果实,需用加水浸提法进行取汁。例如山楂、梅子等。主要有一次浸提和多次浸提法。一次浸提法就是将预处理后的果蔬原料放入浸提容器内,放入一定量的水,略加搅拌,浸提一段时间,即可得到原汁。多次浸提法就是将一次浸提后的果渣再次浸提多次,将所得汁液混合,作为原料汁使用。

4.粗滤

粗滤又称筛滤。对于浑浊型果汁,要求在保存果粒在获得色泽、风味和香味的前提下,除去分散在果汁中的粗大颗粒或悬浮颗粒。对于澄清型果汁,要求除尽全部悬浮颗粒。在粗滤后还要进行精滤。

粗滤的设备有筛滤机,包括水平筛、回转筛、圆筒筛、振动筛等,还可用框板式压滤机。

5.澄清

经过破碎、压榨、粗滤等工序得到的原汁，需要进行澄清处理。澄清果汁的方法有自然澄清法、明胶单宁澄清法、加酶澄清法、冷冻澄清法、加热凝聚澄清法。

(1)自然澄清法 将破碎压榨出的原汁置于密闭容器中，经一定时间的静置，使悬浮物沉淀，果胶物质水解沉淀，降低原汁的黏度。但由于长时间的静置，原汁易发酵变质。需要加入适当的防腐剂，此法仅限于亚硫酸保藏果汁。

(2)明胶单宁澄清法 是利用单宁与明胶或鱼胶等蛋白质物质配合形成配合物来澄清果蔬汁。明胶的用量因原汁的种类和明胶的种类而不同。一般每 100 L 原汁中加入单宁 10 g、明胶 20 g。使用前按实际需要量将单宁配制成 1%的溶液，明胶配成 0.5%的溶液。先加入单宁溶液，然后在不断搅拌下将明胶溶液缓慢加入，充分混合。在 8～12℃条件下，静置 7～12 h，胶体凝聚、沉淀。

(3)加酶澄清法 是利用果胶酶制剂水解原汁中的果胶物质，使其他胶体失去果胶的保护而沉淀，达到澄清目的。酶制剂用量是根据原汁的性质、果胶物质的含量及酶制剂的活力来决定。一般用量是每 1 000 g 原汁加入 2～5 g 干酶制剂。

(4)冷冻澄清法 冷冻可改变胶体的性质，而在解冻时会形成沉淀，进而起到澄清作用。将原汁置于－4～－1℃条件下冷冻 3～4 h，解冻时可使悬浮物形成沉淀。苹果汁、葡萄汁、草莓汁、柑橘汁均可使用此种方法澄清，尤其是苹果汁最佳。

(5)加热凝聚澄清法 果胶物质加热会凝聚，容易沉淀。此方法简单、效果好，应用普遍。在 80～90 s 内，将果汁加热到 80～82℃，保持 1～2 min，然后用同样短的时间冷却至室温，静置使之沉淀。加热要在无氧条件下进行，一般采用密闭的管式热交换器或瞬时巴氏杀菌器进行加热和冷却。可在原汁进行巴氏杀菌的同时进行加热。该法加热时间短，对果汁的风味影响小，应用较为普遍。

6.过滤

过滤又称细滤或精滤。原汁经澄清后，必须进行过滤操作，分离其中的沉淀和悬浮物，使果汁澄清透明。常用的过滤设备有板框压滤机、真空过滤器、硅藻土过滤机、离心分离机、有袋滤器、纤维过滤器等。要注意防止原汁被金属离职所污染，尽量减少与空气的接触。

7.调整成分

为使果蔬汁符合产品规格要求和改善风味，需要适当调整糖酸比例。但调整范围不宜过大，以免使果蔬汁失去原有的风味。一般果蔬汁饮料中，糖酸比例为(13～15)∶1。具体方法如下：

(1)确定原汁用量 M(kg)和调整后糖度 T(%)、酸度 S(%)，由生产的具体要求而定。

(2)测定原汁可溶性固形物含量 $T'(\%)$、含酸量 $S'(\%)$。

(3)汁液应补加糖量 A(kg)和酸量 B(kg)。

①加糖量的计算

$$A=\frac{(T-T')M}{1-T}(\text{kg})$$

如用一定浓度的浓糖液 $N(\%)$调整时添加量计算式为:

$$A=\frac{(T-T')M}{N-T}(\text{kg})$$

②加酸量的计算

$$B=\frac{(S-S')M}{1-S}(\text{kg})$$

如果色、香、味不够,可适当添加食用香精、色素,要按国家标准控制使用量。

蔬菜汁调配还可加入食盐和其他辅料。

8. 杀菌

调整后的果蔬汁饮料要及时进行杀菌处理,确保新鲜度,钝化酶活性,减少微生物作用,延长保存期。

常用的杀菌方法有沸水杀菌、巴氏杀菌、高温杀菌和超高温瞬时杀菌等。

(1)沸水杀菌 将果蔬汁装罐密封后置于沸水中加热 15～30 min,迅速冷却。

(2)巴氏杀菌 80～85℃杀菌 30 min,迅速冷却。

(3)高温杀菌 105～121℃高温处理 10～20 s,迅速冷却。

(4)超高温瞬时杀菌 120℃以上处理 3～10 s,迅速冷却。

沸水杀菌、巴氏杀菌由于时间较长会导致果蔬汁的色泽和香味变劣。所以高温杀菌和超高温瞬时杀菌在实际使用中更为普遍。

9. 装罐

果蔬汁的包装方法因果蔬汁品种和容器种类不同而异。常见的有铁罐、玻璃瓶、纸容器、铝箔复合袋等。除纸质容器外均采用热罐装。一般采用装汁机热装罐,装罐后立即密封,罐头中心温度控制在 70℃以上,若采用真空封罐温度可略低一些。

三、生产过程的注意事项

各种果蔬加工原料对烫漂液的要求也不完全一致,白色原料,如食用菌、芦笋、花椰菜等,要用柠檬酸调整烫漂液 pH,以防止褐变(酚酶最适 pH 为 6～7,低于 6,

活性明显减弱，可在 pH＝3 条件下烫漂）；绿色原料如青刀豆等，要求在烫漂液中加碱，使其 pH 为 7.5～8.0（不超过 9），以抑制叶绿素脱镁。

四、考核评价

（一）感官指标

具有原料水果和蔬菜应有的色泽、香气和滋味，无异味及肉眼可见外来杂物。

（二）理化指标

见表 8-1。

表 8-1 果蔬汁理化指标

项目	指标
可溶性固形物/%	应与标签显示值一致
总酸/(g/100 g)	应与企标一致
砷/(mg/kg)	≤0.5
铜/(mg/kg)	≤5.0
铅/(mg/kg)	≤1.0

（三）微生物指标

见表 8-2。

表 8-2 果蔬汁微生物指标

项目	指标
细菌总数/(cfu/mL)	≤100
大肠菌群/(MPN/100 mL)	≤6
霉菌、酵母菌/(个/mL)	≤20
致病菌	不得检出

五、思考与练习题

（一）名词解释

果蔬汁。

（二）填空

1. 果蔬取汁有（　　　　）和（　　　　）两种。

2. 果蔬汁脱气的方法有(　　　)、(　　　)、(　　　)和(　　　)。

(三) 选择

1. 果蔬汁加工过程中,选择最适宜的原料是(　　)。

A. 汁液含量丰富、香味浓郁、果胶含量较少

B. 果心小、肉质厚、脆嫩

C. 糖酸比例适当、耐煮性好、色泽一致、粗纤维少

2. 以100%的果蔬原汁为原料,并进行关键的工艺是澄清,请问这是(　　)类果蔬汁。

A. 澄清果蔬汁　　B. 浓缩果蔬汁　　C. 果蔬饮料

(四) 简答

1. 果蔬汁澄清的方法有哪些?

2. 简述果蔬汁的特点及种类。

【知识链接】

1. 果蔬汁

是指用未添加任何外来物质,直接从新鲜水果或蔬菜中用压榨或其他方法取得的汁液。

2. 果蔬汁加工中常见的问题

果蔬汁常见质量问题:①浑浊果汁的稳定性;②澄清果汁的稳定性;③果蔬汁败坏;④柑橘类果汁的苦味与脱苦;⑤绿色果蔬汁的色泽保持。

任务二　橘子汁的加工

【知识目标】

学会橘子汁的制作方法。

能掌握原料的各种加工方法并且能正确使用各种机械设备。

【能力目标】

能对原材料进行正确的预处理。

按配方生产出合格的橘子汁成品。

一、任务准备

1. 材料

柑橘、白糖、柠檬酸、水。

2. 仪器(设备)

打浆机、压榨机、排气箱、压盖机、真空浓缩锅、真空脱气机、台秤、粗天平、折光计、玻璃瓶等。

二、任务实施

(一)配方

柑橘 500 g,白糖 85 g,柠檬酸 4 g,水 500 g。

(二)操作方法

1. 原料的选择

选择新鲜,成熟适度,无腐烂变质的果实。要求固形物含量高,出汁多,口味纯正,色泽好。

2. 洗果及去皮

用热水洗净果蔬表面的泥沙、尘土等污物。对于农药的去除就要使用洗果剂。采用喷射的方式进行洗涤,然后用刷子刷洗干净,立即用清水洗净。洗净的柑橘要去除果皮及橘络等,以免影响风味。

3. 榨汁

榨汁前果实应去皮、去络,最好能除去种子,以免果汁带苦味。然后用杠杆式或螺旋式压榨机榨取汁液或用打浆机打浆。

4. 粗滤

榨出的果汁含有果实碎片、种子等杂物,应进行粗滤。可选择 20 目振动筛过滤。

5. 调整糖酸度

在果汁中添加适量的甜橙汁,可增加柑橘汁的风味。为提高果汁的糖酸度,可加一定量的糖和柠檬酸,调整柑橘汁中含酸量达 0.8%、含糖 17%为宜。

6. 均质

均质是柑橘汁的必要工艺。高压均质机压力为 18~19 MPa,在此压力下果汁中所含粗大悬浮粒受压破碎,均匀稳定分布于汁液中。

7. 脱气

柑橘榨汁时会混入不少空气,溶解在果汁中的氧气会降低罐藏汁中的抗坏血酸含量,并使果汁风味变劣。因此,生产上一般都要进行脱气处理,以降低果汁中氧的含量。可采用真空脱气装置脱气(装罐后要进行杀菌处理),也可采取加热排气法,即用热交换器快速加热果汁至 95℃维持 30 s(装罐后不再杀菌)。

8. 装罐

将真空脱气后的柑橘汁加热至 85～90℃,热装罐(玻璃瓶)。

9. 密封

在柑橘汁中心温度不低于 80℃时,立即密封,不能漏气。

10. 杀菌

将密封后的柑橘汁置于沸水中加热 8～12 min。

11. 冷却

杀菌后快速冷却。

三、生产过程的注意事项

果蔬加工时所要求的烫漂温度不完全一样,如菠菜 76.5℃时烫漂对绿色保持好,如果在沸水中烫漂,就会造成严重失绿;山楂应在 75℃以下烫漂,以免果胶受热溶胀,引起裂果;豌豆在沸水或稍低于沸水的温度下烫漂,视品种和成熟度而定,芦笋一般 80℃烫漂。因此,烫漂的温度和时间选择,应根据具体果蔬原料的种类、成熟度、嫩度、色泽等特性综合考虑,一般在沸水或略低于沸点的温度下处理 2～10 min。

四、考核评价

见表 8-3。

表 8-3 橘子汁实验结果评价

检验项目	检验结果
色泽	
滋味和气味	
卫生	

五、思考与练习题

(一)名词解释

果蔬汁饮料。

（二）填空

1. 传统的罐藏方法果蔬汁常以（　　　　）、（　　　　）、（　　　　）的工艺进行加工。现代工艺则（　　　　），亦大量采用（　　　　）的方法进行加工。

2. 果蔬汁过滤的方法有（　　　　）、（　　　　）、（　　　　）等。

（三）选择

1. 以100％的果蔬原汁为原料，并进行关键的工艺是浓缩，请问这是（　）类果蔬汁。

A. 澄清果蔬汁　　B. 浓缩果蔬汁　　C. 果蔬饮料

2. 以100％的果蔬原汁为原料，并进行关键的工艺是均质脱气，请问这是（　）类果蔬汁。

A. 澄清果蔬汁　　B. 浓缩果蔬汁　　C. 浑浊果蔬汁

（四）简答

1. 简述番茄汁的加工工艺流程。

2. 果汁中引起浑浊的物质主要有哪些？如何引起浑浊？

【知识链接】

一、果汁中引起浑浊的物质主要有哪些，如何引起浑浊

1. 果胶和淀粉

果胶、淀粉为强水合性亲水胶体，能够裹覆浑浊物颗粒，使之成悬浮状态。酶制剂（果胶酶、淀粉酶）和澄清剂（明胶、膨润土等）。

2. 蛋白质和多酚

蛋白质与多酚、蛋白质与果胶、多酚自身能够导致浑浊物形成。膨润土、热处理和过滤联合作用。

3. 金属离子

能与蛋白质、果胶物质、淀粉产生化合反应，也能与多酚物质反应形成稳定络合物。采用不锈钢和非金属材。

二、柑橘

我国柑橘资源丰富，品种繁多。包括甜橙类、宽皮柑橘类、柠檬类、柚类等。营养丰富，多汁，酸甜适宜，深受人们喜爱。柑橘较耐贮藏，但品种的耐藏性差异较大。一般，柠檬类和柚类最耐贮藏，其次是甜橙、柑橘类。

（一）生理特性

果实采收后，光合作用停止，呼吸作用成为生命活动的中心。呼吸作用会使果实品质下降。此外还会放生水分蒸腾现象，使果实重量减少、果形改变、果皮皱缩、果皮失去光泽，果汁率降低，影响外观和品质。严重时会出现生理失调，产生生理病害等。

（二）贮藏条件

1. 贮藏温度

橘子 2～3℃，甜橙 4～5℃，柠檬 6～7℃。

2. 相对湿度

在贮藏温度为 5～6℃情况下，相对湿度可维持在 80%～85%，温度降低可增加相对湿度。

3. 气体成分

柑橘类果实对 CO_2 较敏感，O_2：5%～10%，CO_2：1%以下。

（三）采收

1. 采收期

采收期是由果实的果皮色泽和果汁可溶性固形物含量与有机酸含量的比值两项指标来确定。

2. 采收

一般在晴天采摘，通常采用复剪法，即一手握果实，一手持果剪在距果蒂 3～5 cm 处剪下，再齐萼片处剪平。注意不要压伤、碰伤果实。

（四）贮藏方法

1. 留树贮藏

柑橘果实达到成熟阶段，采用适当措施可使成熟的果实继续留在树上，达到延迟采收和保鲜的目的。具体措施：在果实转色后喷 1～3 次 20 mg/kg 2,4-D 和 10 mg/kg GA 混合液。结合根外追肥（0.5%尿素＋0.2%磷酸二氢钾），效果更好。留树时间，宽皮柑橘类在春节前后采收，甜橙可留至 3 月上旬。

2. 沙藏

采收后的柑橘用 0.02%的 2,4-D 加 0.05%的甲基托布津浸果消毒，晾干后立即放入室内贮藏。在室内用砖砌成长方形池子，高度不超过 80 cm，在池底铺垫一层塑料薄膜，再铺一层 10 cm 厚细沙，然后一层果，一层沙进行堆码，7～8 层，最上层用 20 cm 细沙覆盖，顶上再覆盖一层塑料薄膜。使用的沙子要清洁卫生，保持池内的湿度，每个月检查一次，剔除腐烂果。

3. 松针贮藏

在柑橘成熟后进行采收，剔除病、虫害及伤果。堆积于室内 1～2 d，放入垫有 10 cm 厚松针的筐（或池子）内。一层果一层松针依次摆放，最上层覆盖 20 cm 厚的松针，用草席盖顶。每隔 20 d 检查一次，及时除去烂果。

4. 地窖贮藏

选择地势高燥，地下水位低，土质结实的地方挖窖，室内外均可。窖形为三角瓶形，贮果前窖内用 50%福尔马林喷洒消毒，封窖 7 d，然后通风换气，窖底垫以河沙或细沙，在窖底周围放置柑橘，品字形堆放，摆 5～7 层，中间留有空地，便于站人翻果。贮藏初期窖内温度较高，可加大通风量，中期为防止冻害，可关闭通过口保温。贮藏期间注意检查，将腐烂果除去，防止病果蔓延。

5. 通风库贮藏

贮藏前先将库房打扫干净，入库前一周用多菌灵或 0.05%甲基托布津液喷洒消毒。入库前 2 d 通风，以防病菌伤害影响柑橘贮藏效果。严格挑选果实装箱入库，入库堆码采用品字形，并在箱与箱之间，堆于墙壁之间，堆于库顶之间都要留有一定空隙，保证冷风循环。每隔 1 个月检查一次，及时剔除霉烂变质果，同时将与霉烂果相邻的果实也要挑出，以防病菌的进一步扩散。库内温度维持在 14～15℃，相对湿度保持在 85%～90%。

6. 防腐剂保鲜

选无病虫、无损伤、含水量正常、成熟度合适的优质果，及时进行防腐处理，减少腐烂损耗，延长贮藏寿命。最好采摘当天处理，最长不得超过 2 d。用柑橘专用保鲜剂，采用手工浸果法或机器喷洗法。常用保鲜剂有甲基托布津、抑霉唑、多菌灵、噻菌灵、苯来特其中之一与 250 mg/kg 2,4-D 的混合液进行处理。浸果 0.5 min 左右，要不断搅拌药液，避免沉淀。每 100 g 果实用 15 kg 药液。长期使用一两种防腐剂会因病原菌产生抗药性而逐渐降低仿佛效果。应轮换使用不同的防腐剂以提高贮藏质量。

7. 防腐涂料保鲜

反腐涂料经浸泡、喷布或涂抹果面，形成一层薄膜，保护和阻隔气体交换作用，降低果实呼吸强度，减少水分蒸发和抑制微生物的感染侵害，达到保鲜、减少腐烂和延长贮藏目的。主要有手工和机械两种方法。涂抹时要注意均匀，不能在果皮上积存涂料，以免干后结成褐色硬块，影响果实外观。此法只用于短期贮藏保鲜，贮藏期一般不超过 2～3 个月，在采收后的 3 d 内进行。

任务三　葡萄汁的加工

【知识目标】

学会葡萄汁的制作方法。

能掌握原料的各种加工方法并且能正确使用各种机械设备。

【能力目标】

能对原材料进行正确的预处理。

按配方生产出合格的葡萄汁成品。

一、任务准备

1. 材料

葡萄、糖、偏酒石酸、高锰酸钾、单宁、明胶。

2. 仪器(设备)

不锈钢盆、破碎机、锅、电磁炉、压榨机、绒布袋、桶、虹吸管、温度计、夹层锅、玻璃罐、压盖机。

二、任务实施

(一)配方

葡萄 500 g,白糖 200 g,水 1 000 g,2%的偏酒石酸溶液,0.03%的高锰酸钾溶液,少量单宁、明胶。

(二)操作要点

1. 原料选择

应选具有良好风味、汁多的品种。果实要新鲜、充分成熟,剔去未熟果、过熟果和机械伤果。

2. 清洗

将果实用 0.03%的高锰酸钾溶液浸 4 min,接着在流动的清水中漂洗至清水不带红色为止。

3. 挑选、去梗

把果实挑选,并去掉果梗。

4. 破碎

把果实用破碎机破碎或手工破碎。

5. 加热提色

将破碎果加热至60～70℃，维持16 min，使葡萄的色素充分沉于果汁中。

6. 压榨与过滤

用压榨机或手工压榨，将破碎果取汁，并用绒布袋过滤、除渣，将清汁移入贮料桶中。调配用浓度为20%的糖液将果汁糖度调至16%，再在果汁中添加偏酒石酸，一般每100 kg果汁加2%的偏酒石酸溶液3 kg，以防果汁中析出酒石。

2%偏酒石酸溶液的配制方法是：称取偏酒石酸1 kg，加水49 kg，浸泡2 h后煮5 min，停止加热后充分搅拌，使之迅速溶解后立即用绒布过滤，加水至50 kg，迅速冷却备用。

7. 澄清与加热

采用明胶单宁法，即在100 kg果汁中加入4～5 g单宁，经8 h后再加6～12 g明胶。澄清温度以8～12℃为宜。当果汁絮状物全部沉入底部时，用虹吸管吸出澄清液后，用夹层锅将果汁加热到80～85℃。

8. 装罐密封、杀菌与冷却

把果汁装入已消毒的玻璃罐中，加盖密封在85℃的热水中杀菌15 min，逐渐加冷水降温至35℃时擦罐，贴商标。

葡萄汁加工过程中要严防与铁、铜等金属接触，以防变色；榨出的果汁在常温下装瓶，抽气密封，然后连瓶在85℃水中杀菌15～20 min。

三、生产过程的注意事项

1. 原料

要选择新鲜、成熟、风味好的品种。加工的原料应该在中午之前采摘，避免果温升高，当天采摘，当天加工最好，若需储存须在0℃左右的库中保存，湿度控制在80%～85%，时间以7 d最佳。

2. 加工

葡萄品种不同，加工工艺不同，红葡萄采用热榨，溶出色素；而白葡萄则采用冷榨工艺进行。在加工过程中，应注意除酒石沉淀。

四、考核评价

见表8-4。

表 8-4 葡萄汁实验结果评价

检验项目	检验结果
色泽	
外观形态	
气味	

五、思考与练习题

(一)名词解释

热灌装。

(二)填空

1.果蔬汁按加工工艺分为(　　　)、(　　　)和(　　　)。

2.果蔬汁的灌装有(　　　)和(　　　)两种。

(三)选择

1.由两种以上原果汁和蔬菜原汁混合调配而成,这种果汁属于(　)种。

A.混合天然果蔬汁　　B.混合果蔬汁饮料　　C.混合果肉饮料

2.果汁加工原料的成熟度应为(　)。

A.坚熟　　B.绿熟　　C.完熟　　D.生理成熟

(四)简答

1.加工果蔬汁原料应具有的品种特性有哪些?

2.果蔬制汁前加热处理的作用有哪些?

【知识链接】

一、常见问题分析

(一)败坏

果蔬汁在贮藏过程中经常出现表面长没、发酵、产生 CO_2、醇及醋酸等现象。

1.原因

乳酸菌、醋酸菌、丁酸菌等细菌造成败坏;酵母菌作用产生大量 CO_2,发生胀罐甚至是容器破裂;霉菌腐蚀果蔬,发霉,产酸及霉味。

2.防止措施

选用新鲜、无霉烂、无病虫害的原料;原料榨汁前要进行洗涤消毒,减少果实外表的微生物;严格控制车间、设备、管道、设备、工具的清洁卫生;防止半成品积压;严格控制工艺规程,充分杀菌;适当降低果蔬汁的pH。

(二)变味

1.原因

加工方法不当或贮藏条件不适宜;原料不新鲜;热处理过度;调配不当;发生非酶褐变;金属离子的存在;微生物产生不良物质等。

2.预防措施

选择新鲜原料;适度加热;合理调配;避免与金属接触,采用不锈钢材料的用具及设备等。

(三)变色

1.原因

色素物质和褐变引起变色。

2.预防措施

严格控制生产工艺;适当加入抗坏血酸或食用酸等抑制酶褐变;加热钝化酶。

(四)浑浊沉淀

1.微生物污染

饮用水不合乎标准;糖等物质质量产;与金属离子反应;果蔬汁中的悬浮颗粒及易沉淀物质未充分去除;贮存温度变化;浑浊型果蔬汁出现沉淀分层现象等。

2.预防措施

防止微生物污染,彻底杀菌;严格均质、脱气等操作;适当添加增稠剂,加大果蔬汁黏度。

二、葡萄

葡萄又称提子,是葡萄属的一种常见植物。葡萄中含有丰富的葡萄糖、果糖、蛋白质、酒石酸以及多种维生素和矿物质,还含有人体所需的多种氨基酸。营养丰富,风味优美,深受人们的喜爱。常食葡萄可有助消化,健脾,此外它还含有多种具有生理功能的物质。将葡萄制成葡萄干后,糖和铁的含量会相对高,是妇女、儿童和体弱贫血者的滋补佳品。

(一)生理特性

葡萄不像苹果和梨,它没有呼吸跃变期,也没有明显的后熟过程。因此,用于贮藏的葡萄应充分成熟。

（二）贮藏条件

1. 贮藏温度

－1～0℃。温度高，极易腐烂变质。

2. 相对湿度

90%～95%。湿度高易腐烂，湿度低又易失水。如果失水超过1.2%，葡萄果皮发皱，果柄萎蔫干枯，很难贮藏。

3. 气体成分

O_2：3%～5%，CO_2：3%。

（三）采收

待葡萄果实充分成熟后进行采收，这样含糖量高，韧性大，着色好，比较耐贮藏。葡萄采前一周停止浇水，选晴天早晚气温低时采收，将果穗轻轻剪下，横放在垫纸的果箱内，包装纸事先用0.7%过氧乙酸或0.5%漂白粉消毒，码紧，剔除小果、有病烂果以及未成熟的浆果，预冷后进行贮藏。如需长途运输，可先用0.25%的SO_2熏蒸20 min，以防腐烂。

（四）贮藏方法

1. 缸（罐）藏

选择未盛过酸、碱、盐、油的缸或罐，用清水洗涤干净，晾干水分后再用60°白酒或70%的酒精擦拭内壁消毒。待葡萄成熟且气温降至葡萄有受冻危险时，将果穗剪下，逐层放入缸（罐）内，每层葡萄之间用秫秸编制的帘子隔开，以防压伤葡萄，又便于通风。装满后用无毒塑料薄膜封口、扎紧、置于阴凉处贮藏。贮藏温度在0℃左右为好。也可将装满葡萄的缸或罐封口后埋入背阴处的地下，上面再盖20～30 cm厚的土，以免积水。贮藏至元旦或春节，葡萄仍然新鲜可口。

2. 窖藏

葡萄适时采收装箱后，迅速进行预冷。北方可将葡萄平铺在阴凉的地面上，盖上草席，待有霜冻时再移入窖中。有制冷设备的地方可送入冷库，迅速降温至0～1℃。

通常窖长4.5 m，宽3 m，高4 m，在窖的两端各设有一个进气口。窖内可贮藏5 000～6 000 kg的葡萄。在窖内搭木架，架上铺苇秆，将葡萄放在上面，果穗码高30～40 cm为宜。窖的方向坐西向东，以免冬季冷风袭击和太阳直接照射而使窖温过低或过高。窖的深度要适当，过深通风不良，葡萄易受热；过浅易受外界影响较大，贮藏量减少。一般窖温应控制在－1～0℃，相对湿度在90%左右。入窖初期进气、排气孔昼夜开，当窖温达到适温时封闭进、排气孔。贮前可先向窖内灌一次水，使窖内土壤吸足水分。湿度低时铺沙喷水或挂湿草帘。

3. 筐藏

贮藏葡萄用的筐选用坚固耐搬的条筐、木箱、硬质塑料筐，以盛 10～15 kg 葡萄为宜。果穗随采随装筐，筐内垫纸或蜡纸，每层逐穗单摆，每层单穗之间也铺垫包装纸。包装纸事先用 0.7%过氧乙酸或 0.5%漂白粉消毒。装满筐后，加硬盖盖严，放置于冷库或窖中。葡萄可单筐码垛，也可双筐码垛，每两筐之间搁置木板，以利通风。码垛之间要留有人行道，以便检查。

4. 挂藏

贮藏库应选择地势高、干燥、通风良好并靠近果园的地方，建地上或半地下库，库内地面上铺 1 层湿沙，四壁装有厚的保温层。墙上设有通气孔，库顶设 1～2 个通风口。库内放木架，然后将选好的葡萄果穗吊挂在支架上，穗距保持 10 cm。如无制冷设备，应控制好温、湿度，当外界温度高于－2℃时，早晚通风换气，库内相对湿度低于 90%时，在库内适当洒水。

5. 冷库贮藏

葡萄完全成熟后，选择晴天，气温较低的早晨或傍晚采摘。装箱时要内衬纸张，码紧实，防止运输途中晃动损伤果穗，尽快运往冷库，迅速降温至 0℃。贮藏最佳温度为 0～1.5℃，保持温度稳定，相对湿度控制在 90%以上。也可在葡萄采收后，用 100 mg/L 萘乙酸溶液浸 15 s，晾干后装入 0.07 mm 厚的聚乙烯薄膜袋中，置于冷库中贮藏。注意葡萄在入库前，库房要清扫、晾晒和密封消毒。常用简便的方法是用硫黄熏蒸，每 100 m^3 硫黄约 3 kg 与锯木混合燃烧产生 SO_2，密封 2 d 后，打开门窗通风。

6. 化学制剂保鲜

(1)二氧化硫防腐　SO_2 对常见的葡萄真菌——灰霉菌，具有强烈的抑制作用。葡萄装箱后，根据贮量码成大小不同的垛，罩上塑料薄膜帐，用 2 500 mg/kg 的 SO_2 熏蒸 20 min，揭帐通风。以后 7～10 d 熏蒸 1 次，低温－1～0℃贮藏时，间隔天数适当延长到 15～20 d。

(2)硫酸盐防腐　用亚硫酸氢钠或焦亚硫酸钠 3 份加硅胶粉 1 份，将两者充分混合均匀后，装成 2 g 左右的小包或制成小片，放在贮藏箱中，药物不要直接与葡萄接触，让亚硫酸盐自然挥发出 SO_2。

以上 2 种防腐方法，只要用药量适当，温度、湿度条件适宜，玫瑰香和龙眼葡萄可贮藏 6～8 个月。

葡萄的贮藏寿命，受品种、贮藏条件等影响，就同一品种来说，浆果丧失光泽、质地变软、结构松弛是葡萄衰老的标志。此时应该结束贮藏。

任务四　番茄汁的加工

【知识目标】

学会番茄汁的制作方法。

能掌握原料的各种加工方法并且能正确使用各种机械设备。

【能力目标】

能对原材料进行正确的预处理。

按配方生产出合格的番茄汁成品。

一、任务准备

1. 材料

番茄、白砂糖、食盐。

2. 仪器(设备)

榨汁机、白钢盆、锅等。

二、任务实施

(一)配方

番茄 500 g,白砂糖 8 g,食盐 3 g。

(二)操作方法

1. 原料的选择

选用新鲜、成熟适度,香味浓郁、色泽鲜红、汁多而含固形物在 6%以上,糖酸比适度,果胶含量低的番茄。

2. 原料预处理

用清水冲洗番茄,除去果实表面的泥污、杂质及附着的微生物。用不锈钢刀将果蒂黑疤、开裂、局部腐烂及青色的部分挖除。

3. 烫漂

在沸水中烫漂 5～10 min,使番茄的中心温度达到 50～60℃。烫漂的设备可使用夹层锅,也可采用连续式热蒸汽烫漂机。

4. 榨汁

烫漂后的番茄迅速进行榨汁。可采用打浆机或榨汁机。

5. 调配与均质

为增进番茄汁的风味，可加入 1.6%砂糖和 0.6%食盐。如作调味料的番茄汁，则仅添加 0.5%食盐。加热至 70℃，调整至含可溶性固形物为 8%。将榨出的番茄汁进行脱气、均质处理。

6. 装罐、密封

将均质后的番茄汁加热，温度控制在 85～90℃，分装入罐内，用真空封罐机密封。

7. 杀菌

将密封后的番茄汁置于沸水中杀菌 20 min，或先将番茄汁在 121℃高温杀菌 45 s，降温至 95℃，立即装罐密封，迅速冷却至 38℃左右。

三、生产过程的注意事项

(1)番茄应在完熟期采收。此时色泽鲜红，风味纯正，组织状态细腻，果胶和可溶性固体含量高。同时，还要保证原料新鲜，剔除病烂变果，挑出黄晕过多的果实，加强原料的验收，做到不合格的原料不投产。

(2)原料一经破碎立即预热，缩短破碎与预热的时间间隔，迅速钝化果胶酶，防止番茄酱汁液分离，保证果胶不被转化而以利提高制品的黏稠度。随之及时打浆，打浆要细，最后一道打浆筛板孔径不得超过 0.5 mm。最好能改革现行的冷破碎为热破碎，这样可以降低原料消耗 20%～50%并提高制品的黏稠度，但是要注意热破碎的温度，过高会使番茄种子周围的黄色素和黏稠体溶入番茄酱中，造成色泽和口感的不良。

(3)由于番茄是热敏性物料，宜采用高真空、低温度、短时间、快流程的浓缩过程，一般一效控制在 62℃，二效控制在 42℃，在 45 min 内完成浓缩温度过高，时间过长，都会造成维生素 C 发生裂解聚合，而引起产品褐变，酱体发黑，失去光泽，加速茄红素的分解，果胶结构的破坏。还要控制好物料在真空锅内液位不能超过加热面，以保证锅内蒸汽压力避免浓缩时将槽内浆液吸空，使空气进入真空锅内，控制好冷凝水位和温度，防止温度过高，温度过高会发生糊锅现象。

(4)番茄酱具有一定的酸度，一般控制 pH 在 4.3。这样一则可以保证制品中有较高的黏稠度，抑制酶的活性，降低有害微生物的抗热性。二则可以提高维生素 C 的保存率。但是酸对镀锡薄钢板有很强的腐蚀，需要在钢板上涂一层抗酸涂料，有时在空罐制造过程中受到机械损伤，易引起集中腐蚀或涂料脱落的质量问题，故目前除研究采用抗高酸内涂料外，生产上可用三涂二烘涂料或补涂办法解决。

(5)在番茄原料新鲜无腐烂洗果彻底的前提下，车间操作人员的衣着定期消毒灭菌，同时对设备、管道、工具等也要定时清洗消毒，一般 5～7 d 进行一次。这是保证番茄酱霉菌数不超标的主要措施。

四、考核评价

(一)实训操作标准

见表 8-5。

表 8-5 番茄汁实训操作标准

序号	训练项目	工作内容	技能要求	满分 100 分
1	准备工作	(1)清洁工作	能发现并解决卫生问题	5
		(2)检查工器具	检查设备运行是否正常	5
2	原料选择与处理	(1)选择	按照不同生产类型的果蔬汁选择原料	10
		(2)清洗、去皮	能根据不同产品工艺要求对原料进行正确清洗、去皮	20
3	榨汁、粗滤、调整糖酸度	(1)榨汁、粗滤	按照不同类型的果蔬汁，选择合适的榨汁、粗滤设备进行操作	10
		(2)调整糖酸度	根据不同类型果蔬汁，正确调整糖酸度	10
4	均质、脱气、装罐、密封	根据不同类型果蔬汁控制好均质、脱气、装罐、密封过程		20
5	杀菌、冷却	(1)杀菌	根据不同类型果蔬汁控制好杀菌时工艺参数	10
		(2)冷却	掌握不同类型果蔬汁冷却的条件和要求	10

(二)考核要点及参考评分

把果蔬汁的品质分为感官和理化两个部分来评定，感官部分占 60%，包括色泽、滋味和气味、组织状态三个部分。理化的评价占总分的 40%，包括果汁含量、可溶性固形物含量、总酸含量 3 个部分。一个标准的果蔬汁很难达到 95 分以上，但最低不可低于 85 分。内外两部分各细则评分的办法见表 8-6。

表 8-6 番茄汁制作考核要点及参考评分

	项目	要求	满分 100 分
感官评分	色泽	接近原果色泽，色泽均匀	20
	滋味和气味	符合相应的混合香气，味感协调、柔和，酸甜适口，无异味	20
	组织状态	浓度均匀一致，无杂质，久置后允许有少量沉淀	20
理化评分	果汁含量%	≥10	10
	可溶性固形物含量(20℃折光计法)/(mg/L)	3.5(可无糖)	15
	总酸含量(以柠檬酸计)/(g/L)	0.5～7.5	15

（三）实训评分

见表 8-7。

表 8-7 番茄汁制作实训评分

1	实训操作工作作风	(1)在实训过程中出满勤 (2)工作态度认真，具有团队合作精神	10 10
2	实训报告	总结内容全面，比较深刻	30
3	实训操作总分	占实训操作标准评分的 30%	30
4	产品考核要点总分	占产品考核要点及参考评分的 20%	20
	实训总分		满分为 100 分

（四）考核方式

实训地现场操作。

五、思考与练习题

（一）填空

1. 一种或多种新鲜蔬菜汁，发酵蔬菜汁，加入食盐或糖等配料，经脱气、均质及杀菌等工艺所得的蔬菜汁制品，一般可分为：(　　　　)、(　　　　)、(　　　　)。

2. 复合果蔬汁的配方设计原则是(　　　　)、(　　　　)和(　　　　)。

（二）选择

1. 下列哪个品种适合加工果汁产品（　　）。

A. 温州蜜柑　　B. 福橘　　C. 金柑　　D. 雪柑

2. 果蔬中的（　　）与单宁物质能够产生絮凝现象，在果汁澄清中常用此性质。

A. 果胶　　B. 维生素　　C. 蛋白质

（三）简答

1. 压榨法取汁中，采用哪些办法可以提高出汁量？

2. 果蔬汁加工中常见的问题有哪些？

【知识链接】

一、灌装机

见图 8-2。

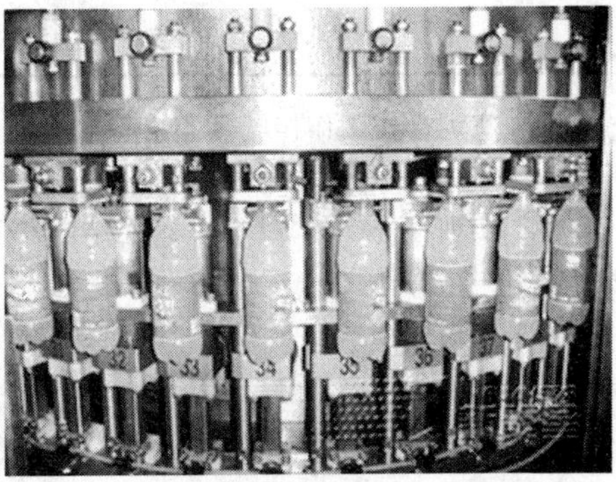

图 8-2　灌装机

三合一灌装机的使用与保养：

（1）三合一灌装机不适用金属容器和金属装盖，更不能放在金属台面上按动启动按钮，否则会损坏机器。

（2）在通电源之前必须先插入感应航空插头，并锁紧螺丝。

（3）使用单相三线制电源线，为使操作者安全，务必使用单相三线制电源插座，工作场所地面必须干燥，以保持绝缘。

（4）设有温度过热自动保护功能，当机内温度过热时，机内蜂鸣器长鸣“异常保护（PRO. mD.）”黄色指示灯亮，此时应关断电源总开关，待机内冷却蜂鸣器停止后，再继续工作。

（5）工作过程中应经常触摸感应头表面，检查是否过热，如发现烫手应停止加热，待冷却后再工作（冷却可以不关电源），“准备（WARMUP）”绿色指示灯不亮时，请勿按启动按钮，以免误触发。三合一灌装机工作结束后，请关掉面板上的电源开关。

（6）配备保险丝为 5 A，不可用大于 5 A 保险代替。

（7）内有高压，底板带电，严禁私自维修，以免人身触电。

（8）使用前如发现有导线裸露应停止使用三合一灌装机，待维修后方可使用。

(9)设备运输、贮存、使用时不能撞击、重压、受潮。

二、番茄

番茄,又名西红柿,俗称洋柿子,为一年生茄科草本植物。番茄色泽艳丽,形态优美,甜酸适口,营养丰富,既可作水果生食,又可烹调成鲜美菜肴,深受广大群众喜爱。但由于番茄表皮薄软、鲜嫩易腐、极易损伤,给贮运均带来许多不便。因此,番茄保鲜贮藏技术就显得十分重要。下面介绍几种常用的贮藏方法。

(一)生理特性

番茄原产于南美洲热带地区,性喜温暖。不同成熟度的番茄耐低温的能力各不相同,所以番茄采用变温贮藏。番茄遭受冷害后,局部或全部呈水浸状软烂或蒂部开裂,果实表面出现褐色小圆斑,不能长成后熟且易感病腐烂。番茄具有保水能力强的特性,相对湿度可控制在90%左右。番茄的采收成熟度与耐贮性有密切关系。鲜食的番茄应在半熟期至坚熟期采收,营养和风味均好。

(二)贮藏条件

1. 贮藏温度

绿熟番茄为11~13℃,红熟番茄为7~10℃,低于10℃即有冷害。

2. 相对湿度

相对湿度可维持在80%~85%,温度降低可增加相对湿度。

3. 气体成分

CO_2:2%~5%,O_2:2%~5%,主要起抑制后熟,延长贮藏期的作用。当CO_2含量过高或O_2的含量过低时会产生伤害。

(三)采收与处理

番茄的采收与成熟度和耐贮性有密切关系。鲜食的番茄应在半熟期至坚熟期采收,营养和风味较好,但这两期的果实不耐贮藏,即使低温下也难以长期贮存。绿熟期至微熟期的番茄果实已充分长成,物质积累完成,耐贮性、抗病性较强,可用于贮藏或长距离运输。

用作贮存的番茄,采前2~3 d不浇水,可增加果实的干重,减少水分含量。一般在晴天和露水干后的早晨采摘,避免雨天和烈日曝晒摘果。要采摘绿熟果,即表面呈绿白色。采摘时要轻拿轻放,不采有虫眼果和裂果,特别是不能采收感病的果实。果实采收后,要再进行一次挑选。把碰伤、扎伤、未熟和带病果剔除。将选好的果实,蒂向下装在事先用0.5%醋酸喷雾消毒或0.5%漂白粉洗刷的筐内。采收后尽快置于阴凉通风处散热或在冷库中预冷,使表面水分充分蒸发,果内水分适当降低，预冷时间 24～30 h。

(四)贮藏方法

1. 缸藏

少量的番茄可用缸来贮藏。将大缸刷洗干净，消毒晾干，然后将选好的西红柿轻轻装入缸内，以 3～4 个果高为一层，每层之间设支架隔离，避免损伤果实。装满后用塑料薄膜密封缸口，15～20 d 打开检查一次，剔除腐烂果实，然后重新装缸密封，继续贮藏。

2. 筐贮

番茄最好用筐贮，避免损伤果实。事先将筐用 5%漂白粉消毒，晾干后内衬垫柔软物。每筐装 3～4 层果实，呈"品"字形码放在阴凉通风处预贮 1～2 d，迅速运至通风贮藏库或窖内倒筐检查，剔除病、伤果，将选好的绿熟果实重新装入筐中码放堆垛。垛底要用砖、板或用空筐垫起，利于空气流通。贮藏中每 7～10 d 倒动一次，倒动时要挑出完熟和腐烂的果实。注意库或窖温管理，温度控制在 10～12℃，相对湿度为 80%～85%为好。此方法可保存一个半月左右。

3. 窖藏

常用土窖、地下室或地道等设施贮藏。贮藏前先用 0.5%过氧乙酸或 0.5%漂白粉对贮藏室及包装容器进行喷雾消毒。在通风阴凉处将经 8～12 h 预冷的绿熟期或微熟期的番茄挑选装筐放入窖中，或将番茄堆放在菜架上，每层架放 2～3 层果，每 3～5 d 翻检一次，剔除腐烂、已熟、不宜继续贮藏的果实。此方法室温下可贮藏 20 d 左右，若使用通风换气、降温排湿的设备，使温度在 10～12℃，相对湿度为 80%～85%则可贮藏 30 d 以上。

4. 气调贮藏

选择肉质紧密、种子腔小、皮厚、干物质和糖分高、果形较小且均匀的果实。贮藏所用塑料筐用 0.5%的过氧乙酸或漂白粉溶液消毒，将番茄按 25 kg/筐放入筐中。

(1)塑料薄膜帐封闭气调法　在库房地面铺设长 4 m，宽 2 m，厚 0.23 mm 聚乙烯塑料薄膜，上面摆放若干块垫砖，并均匀撒放 15 kg 消石灰。侧面安装臭抽气和进气袖口以及取气嘴。将预冷后的筐装番茄在薄膜上码垛，然后将塑料薄膜折起盖在筐上，用细土压实密封。帐内充入 N_2，使帐内 O_2 快速降至 4%～5%，定期监测帐内的气体成分，当 O_2 含量低于 2%时，进行人工通风，提高帐内 O_2 的含量。每隔 10～15 d 检查一次果实，及时剔除腐烂果。

(2)塑料袋小包装气调法　将采收后的绿熟期番茄装入厚度为 0.04 mm 的聚乙烯薄膜袋，每袋 15 kg 左右。扎进袋口，将袋放在阴凉处贮藏。初期每隔 2～3 d

在清晨或傍晚将袋口打开 15 min 左右排出 CO_2，补入新鲜空气，同时将袋上的水珠擦干，再扎紧袋口。要对袋内气体进行测定，当 O_2 浓度降到 2%，CO_2 浓度升至 5%以上时，要开袋换气，以免发生低氧和高二氧化碳伤害，引起果实腐烂。在袋口插入一只两端开通的毛细管，固定扎紧，可使袋内气体与外界空气自动调节。此方法可贮藏 1～2 周。

(3)硅橡胶窗贮藏法　将一定面积的硅胶膜镶嵌在塑料袋(或塑料帐)上，放入番茄后扎紧袋口。硅窗面积根据品种的呼吸强度、贮藏温度及贮藏量而定。一般贮藏 15 kg 的番茄，需镶嵌一块厚为 0.08 mm，10 cm×10 cm 的硅窗。

5. 通风库贮藏

将绿熟期的番茄装入木箱或竹筐平放在地面；也可将番茄放在架子上，每层放 3～4 层果实。利用通风库使温度降至 10～12℃。白天可关闭通风设备，夜间气温低时打开通风。经常检查番茄，随时挑出不宜贮藏的果实，次方法可保存 20～30 d。

6. 溶液贮藏

用清水配制饱和石灰水，澄清后取上清液，通入 SO_2，调整溶液 pH 5～5.5。将预冷后的红番茄浸入溶液中，用干净的木板等材料将番茄压住，使溶液浸没果实 2～3 cm，用双层塑料布密封容器，置于冷凉处贮藏，保持温度 1～10℃。此方法贮藏的番茄含有微量亚硫酸及其盐类，生食有轻微涩味，宜熟食；也可用 0.6%双氧水浸泡果实 2～4 h，再用清水洗净，即可消除涩味。此法用于成熟期的番茄贮藏，时间可达 40～50 d。

7. 保鲜剂贮藏

利用化学物质调控果实的代谢，延缓后熟衰老及抑制病原菌繁殖，达到贮藏保鲜目的的一种方法。常用的化学保鲜剂有氧化剂、熏蒸剂、吸附剂、二氧化氯、小苏打混合保鲜剂、防腐膜保鲜剂等。在使用过程中，常与其他贮藏方法相结合，效果好。

8. 保鲜膜贮藏

利用石蜡、虫胶、可食性纤维素液体等凝固剂，加入一定比例的防腐(杀菌)剂或者植物调节剂，通过涂抹或浸泡等方式，在番茄表面形成致密的薄膜，进而影响番茄的生理活动，或阻断病菌侵染途径，或自动调节果内氧气、二氧化碳及乙烯等气体的浓度，从而达到保鲜目的的贮藏方法。

部分思考与习题参考答案

实训项目一

1. 试述面包生产的基本工艺流程。

答：和面—静置—分割称重—整形—醒发—烘烤—冷却—包装—成品

2. 糖在焙烤制品中有哪些作用？

答：(1)增加制品的甜味；(2)提高制品的色泽和香味；(3)提供酵母生长与繁殖所需的营养；(4)调节面团中面筋的胀润度；(5)抗氧化作用。

3. 发酵成熟程度对面包制作有哪些影响？

答：成熟适度的面团制成的面包具有皮质脆薄，色泽明亮，内瓤蜂窝均匀且有白色光泽、芳香、柔软。成熟不足的面团俗称嫩面团。制成的面包皮色太深，瓤心蜂窝不匀，且呈白色，膜厚，香味淡薄。成熟过度的面团俗称老面团。制成的面包皮色太浅，没有光泽却有皱纹，瓤心蜂窝壁薄，气孔不均匀而有大气泡，有酸味和不正常异味，面包品质次劣。

4. 为什么说面筋的"质"和"量"对面包生产的意义重大？

答：面筋是小麦蛋白质的最主要成分是使小麦粉能形成面团(Dough)的具有特殊物理性质的蛋白质。成品如果小麦粉中的面筋含量少而且筋力小，则制成的面包起发度小，面包坯容易发生"塌架"。如果小麦粉中面筋含量过高，生产饼干时，饼干坯容易发生收缩变形，同时造成不松脆等现象；生产蛋糕时，面糊不易起发，成品不松软的问题。

5. 论述面团发酵的影响因素。

答：(1)酵母的影响：酵母的发酵力：酵母的用量：2%。(2)发酵温度的影响：发酵温度控制在 25～28℃，最高不超过 30℃，温度不能过高——杂菌繁殖速度加快

(乳酸菌、醋酸菌)也不能过低——发酵速度慢。(3)小麦粉品质的影响——小麦粉中面筋和酶的影响:面筋蛋白含量较高——持气能力较强,但产气气体的速度较慢,发酵时间较长;面筋蛋白含量较低——发酵面团的持气能力不足,造成成品塌陷、体积小;淀粉酶——淀粉水解成单糖供酵母利用。(4)添加水量的影响:加水量多的面团酵母繁殖速度加快,发酵时易产生 CO_2,但气体易散失;加水量少的面团酵母的繁殖速度低,产生的 CO_2 气体较少,面团较硬。(5)发酵时间:取决于酵母的数量和质量,再参照温度、加水量、辅料的种类等而定。

6. 简述面包延缓老化措施。

答:(1)温度　面包在 60℃保存,其新鲜度可以保持 24～48 h。储存在 20℃以上,老化进行的缓慢。－7～20℃是面包老化速度最快的老化带,面包出炉后应尽量不通过这个温度区。

(2)使用添加剂。

(3)原材料的影响　含面筋高的优质面粉会推迟面包的老化时间。

(4)采用合适的加工条件和工艺　在搅拌面团时应尽量提高吸水率。

(5)包装　延缓面包老化。

实训项目二

1. 面团调制。

答:指将处理好的原辅材料按配方的用量,根据一定的投料顺序,调制成适合加工性能的面团。

2. 饼干面团形成的基本过程是什么?

答:蛋白质和淀粉的吸水—面团的形成—面团的成熟。

3. 为什么好多韧性饼干上有针孔?

答:由于韧性饼干面团弹性大,烘烤时易于产生表面起泡现象,底部也会出现洼底,即使采用网带或镂空铁板也只能解决洼底而不能杜绝起泡,所以必须饼坯上冲有针孔。

4. 简述韧性面团滚轧的目的。

答:可排除面团中的部分气泡,防止饼干坯在烘烤后产生较大的孔洞,还可以提高面团的结合力和表面光洁度,可使制品的横断面有明显的层次结构。

5. 韧性面团调制完毕,为什么必须静置?

答:调粉后面团弹性仍然较大,可通过静置来减少饼干韧缩现象,因在静置过程中可消除面团内部的张力。一般要静置10～20 min,可视需要而定。

6.简述调制酥性面团时的投料顺序。

答:酥性面团调粉操作之前应先将油、糖、水、乳、蛋、疏松剂等辅料投入调粉机中预混均匀,并使混合液充分乳化形成乳浊液。在形成乳浊液的后期再加入香精、香料,这样可以防止香味过量挥发。辅料预混结束后,再加入面粉进行面团调制操作。这样的配料顺序不仅可以缩短面团的调制时间,而且还能使面粉在一定浓度的糖浆及油脂存在的状况下吸水胀润,从而限制面筋性蛋白质的吸水,控制面团的起筋。

实训项目三

1. 简述油蛋糕的原理。

答:(1)膨松原理　油脂在搅拌过程中,拌入了大量的空气并产生气泡。加入蛋液继续搅拌,油蛋料中的气泡就随之增多。也加入适当的疏松剂。

(2)熟制原理　制品内部所含水分受热蒸发,气泡受热膨胀,淀粉受热糊化,疏松剂受热分解,面筋性蛋白质受热变性而凝固、固定,最后蛋糕体积增大,蛋糕内部组织形成多孔洞的瓜瓤状结构,使蛋糕松软而有一定的弹性。面糊外表皮层在高温烘烤下,糖类发生美拉德反应和糖焦化反应,颜色逐渐加深,形成悦目的棕黄褐色泽,具有令人愉快的蛋糕香味。

2.论述油蛋糕有时会出现水与油分开的原因?

答:引起面糊类蛋糕的油水分离,主要与下列因素有关:

(1)油脂的可塑性太差,油脂含水量太高,乳化能力差等。油脂的品质如何是油水是否分离的重要因素之一。

(2)加蛋速度和搅拌速度的选用是油水分离的关键,加蛋太早或每次加蛋的搅拌程度不足,油水分离就加快;搅拌速度太慢,蛋与油没有足够的胶体化,也会引起油水分离。

只有糖油拌合法才会出现油水分离,用其他的搅拌方法(如面粉油脂拌合法等)不会出现油水分离。

3.海绵蛋糕有时没有韧性,一拿起来容易破裂,如何才能使蛋糕不破裂?

答:海绵蛋糕没有韧性,或者说韧性很差,主要与下面几个因素有关:

(1)海绵蛋糕与戚风蛋糕相比,其韧性本身就较差。

(2)蛋的用量多少是影响蛋糕韧性的主要因素,蛋量较少,韧性越关,只有提高蛋的用量，蛋糕韧性才能明显提高。

(3)海绵蛋糕的搅拌方法也是影响蛋糕韧性的主要因素。同一配方、用不同方法搅拌时，蛋糕的韧性有明显不同。用直接法搅拌其韧性最差；其次是糖蛋拌合法，用分步法搅拌(即蛋黄和蛋白分开搅拌，但不同于戚风蛋糕的搅拌)所生产的蛋糕韧性最好。

4. 试述蛋糕生产中强性原料有哪些？弱性原料有哪些？调节强弱平衡的原则是什么？

强性原料：面粉、鸡蛋、牛奶。

弱性原料：糖、油、膨松剂、乳化剂。

强弱平衡考虑的主要问题是油脂和糖对面粉的比例，不同特性的制品所加油脂量和糖量不同。

调节强弱平衡的原则是：当配方中增加了强性原料时，应相应增加弱性原料来平衡，反之亦然。例如，油脂蛋糕配方中如增加了油脂量，在面粉量与糖量不变的情况下要相应增加蛋量来平衡；当鸡蛋量增加时，糖的量一般也要相应增加。

强弱平衡还可以通过添加化学膨松剂进行调整。当海绵蛋糕配方中蛋量减少时，除应补充其他液体外，还应适当加入或增加少量化学膨松剂以弥补膨松不足。油脂蛋糕也如此。

5. 简答蛋糕烘烤的目的。

答：使拌入蛋糕糊中的空气受热膨胀，或使疏松剂发生反应，产生气体，形成蛋糕疏松的结构；使蛋糕糊中的蛋白质凝固，形成蛋糕疏松结构的骨架，将气泡胀大的结构固定下来；使蛋糕糊中的淀粉糊化，即蛋糕的熟化；通过蛋糕糊中一些成分在受热时发生的反应而得到好的色、香、味。

实训项目四

1. 如何使用转化剂？

酸性物质是蔗糖的转化剂，能加快蔗糖转化为果糖和葡萄糖的速度。使用柠檬酸为蔗糖量的0.05%～0.1%。需在糖液沸腾后105～106℃时再加入。

2. 广式月饼成型后，进炉前是否应在表面扎眼？

由于广式月饼是糖浆皮月饼，饼皮含油、含糖浆较高，并且指定用低筋面粉，所以饼皮搅拌后并没有形成过多面筋。在烘烤时的水汽容易穿过饼皮，不会使饼皮过多膨胀、变形，故在烘烤时不需在表皮扎眼。

3. 广式五仁月饼出炉后，花纹模糊、变形分别是何原因？生产中应如何注意？并提出解决方案。

答：如果月饼不变形，只是花纹模糊，大多数是因为饼皮的配方不合理，或是由于炉温没有掌握好。当饼皮中的油脂含量过高，饼皮柔性过重时，月饼花纹不清晰，则是由于油多，饼皮泻性增加而引起。另外，月饼入炉后，应先用较高的面火、小的底火，把饼皮形状固定，烤至有轻微金黄色后，取出刷蛋液，把炉温调低一些，继续烤熟。如果炉温太低烤月饼，花纹也会模糊不清。

五仁月饼变形，主要原因有两个方面。首先，可能是由于五仁馅配料不合理、糖分含量过高或油脂含量过高。糖、油含量过高是五仁月饼变形的主要原因，馅料中的糖应包括所有加入的糖(包括肥猪肉中的糖)。总糖量不应大于30%，总油量应小于18%。其次，炉温低，表皮形成减慢，表皮未固定之前，馅料中的糖已开始熔化，油已开始泄流、月饼变形，所以月饼入炉后先用210～220℃的面火来烘烤，将可减少由于炉温失误引起的变形。

4. 什么叫转化糖浆？

利用白砂糖作为主要原料，其中主要成分是蔗糖。蔗糖分子是由一分子葡萄糖和一分子果糖组成的双糖，在加热、加酸的条件下可转化成葡萄糖和果糖，将葡萄糖和果糖统称为转化糖，故煮制的糖浆叫“转化糖浆”。

5. 月饼皮中加入枧水的目的是什么？

(1)中和转化糖浆中的酸，防止月饼产生酸味而影响口味。

(2)增加饼皮中的碱性，有利于饼皮上色。

(3)枧水与酸进行中和反应，产生CO_2气体，促使饼皮适度膨胀，口感疏松。

6. 糖浆皮月饼进炉前为何要刷清水？

糖浆皮月饼在进炉之前需刷清水，因为这样就能在饼皮形成一层水膜，使糖焦化，使上色速度放慢，饼皮颜色呈金黄色。如果不刷清水进炉，饼皮的焦化加快，饼皮颜色不艳，没有光泽。所以糖浆月饼，如广式月饼、提浆月饼需刷水进炉，而其他月饼则不需(如苏式月饼)，但刷水或喷水不能过多，饼皮若水膜过厚将影响饼皮花纹的明晰度。

7. 烤好的月饼什么时候包装最好？

月饼包装分两种，一种是没有任何保鲜剂的包装。这种包装只是将月饼用塑料袋密封而已，这种包装的月饼防霉极差，如果进行这样包装的话，月饼一定要彻底冷却，否则月饼温度比室温高，包装内会产生水汽，几天后月饼就会发霉。第二种是放有保鲜剂的包装。保鲜剂目前多用隔氧剂和脱氧剂。脱氧剂保鲜是将其与包装内原有的氧气反应，使包装内不存在氧气，从而令月饼中存在的微生物在无氧的状态下停止活性，使月饼不发霉。

8. 生产巧克力月饼时，融化巧克力、葡萄糖浆和果糖浆当何时加入？

融化巧克力温度很重要，如果温度太高，会降低巧克力的光泽度，通常以不超过体温为宜。因此，在生产巧克力皮月饼时，最好把煮好的糖浆先冷却至 40℃左右，巧克力则隔水融化，然后加入糖浆，搅拌均匀，取出在案板上冷却，就可以包馅打月饼了。

实训项目五

1. 简述酥性面团调制原理。

由于油脂界面张力很大，使其能均匀地分布于面粉颗粒表面，形成了一层油脂薄膜；在不断搅拌的条件下，油脂和面粉能较为广泛地接触，从而增加和扩大油脂和面粉的黏结性。这时的面团只是油脂紧紧依附在面粉颗粒的表面，使面粉中蛋白质不易与水结合形成面筋网络结构，故此面团不能充分形成面筋，面团韧性降低，可塑性增强，酥松性较好。

2. 简述油酥面团调制原理。

油酥面团完全用油调制而成，用油量占面粉总量的 50%左右。油与面粉混合后，由于面粉不能吸水，故不能形成面筋，从而借助油对面粉颗粒的吸附而形成了团块；此面团无黏弹性，具有良好的可塑性，酥松柔软。

实训项目六

任务一

一、名词解释

1. 简称罐头，是新鲜原料经过预处理，装罐及加罐液，排气，密封，杀菌和冷 。

2. 必须是对食品内有害细菌起致死效应的温度。

二、填空

1. 密封、排气、杀菌

2. 杀菌温度、杀菌时间

3. 中心温度

三、选择

1.C 2.D 3.A

四、简答

1.简述罐头生产的一般工艺流程。

原料选择→原料预处理→(盐水浸泡)→装罐→排气→封罐→杀菌→冷却→保温→检验→成品

2.简述罐藏原理。

热烫杀灭大部分微生物，抑制酶的活性，软化原料组织，固定原料品质．排气除去果蔬原料组织内部及罐头顶隙的大部分空气，抑制好气性细菌和霉菌的生长繁殖，有利于罐头内部形成一定的真空度，保证大部分营养物质不被破坏。

密封使罐内与外界环境隔绝，防止有害微生物的再次侵入而引起罐内食品的腐败变质。加热杀菌杀死一切有害的产毒致病菌以及引起罐头食品腐败变质的微生物，改善食品质地和风味，实现罐头内食品长期保藏的目的。

3.导致果蔬罐头食品腐败变质的主要原因是什么？为什么？

答:(1)化学因素:如中酸性罐头容器的马口铁与内容物相互作用引起的氢膨胀。(2)物理因素:如贮存温度过高，排气不良，金属容器腐蚀穿孔等。(3)最主要的还是由于微生物学因素:罐内污染了微生物而导致罐头变质，导致罐头食品败坏的微生物主要是某些耐热、嗜热并厌氧或兼性厌氧的微生物。

任务二

一、名词解释

1.指罐头食品经过适度的杀菌后，不含有致病性微生物了，也不含有在通常温度下能在其中繁殖的非致病性微生物。这种状态称作商业无菌。

2.罐头底或盖不像正常情况下呈平坦状或向内凹，而出现外凸的现象称为胀罐，也称胖听。

二、填空

1.需氧性芽孢杆菌、厌氧性芽孢杆菌、非芽孢细菌、酵母菌、霉菌

2.致病微生物、非致病微生物

3.商业无菌

三、选择

1.A 2.A 3.C

四、判断

1.√ 2.× 3.×

五、简答

1.对食品罐藏容器有哪些要求？

(1)对人体无毒无害 (2)密封性好 (3)耐腐蚀 (4)适合于工业化生产

2.装罐时应注意哪些问题？

(1)留有适当的顶隙 (2)净重及固形物含量要达到要求 (3)搭配均匀 (4)严防杂质混入

3.罐制品的种类和特点是什么？

答：罐制品，俗称果蔬罐头，是将果蔬原料经一定处理后，装入特定的容器中，再经排气密封、杀菌而制成。果蔬罐头可分为糖水类、清渍类、果酱类、果汁类、醋渍类、酱菜类等。在此主要介绍的是糖水水果罐头和清渍蔬菜罐头。果蔬罐头加工不添加防腐剂，完全符合食品卫生标准。而且容易保存，方便携带和食用。

4.简述罐头胀罐的类型及预防措施。

答：罐头胀罐的类型：根据底或盖外凸的程度，又可分为弹胀、软胀和硬胀三种情况。根据胀罐产生的原因又可分为三类，即物理性胀罐、化学性胀罐、细菌性胀罐。

预防措施：①装罐时，严格控制装罐量，并留顶隙；②罐头排气要充分，使其密封后，罐内形成较高的真空度；③采用加压杀菌时，降压与降温速度不要太快；④高酸性罐头使用高质量耐腐蚀容器；⑤杀菌彻底，密封严密。

5.简述碱液去皮的原理。

答：利用碱液的腐蚀性使中胶层溶解，从而使皮肉分离，而果肉组织的薄壁细胞对碱液腐蚀性的耐受力较强。

任务三

一、名词解释

1.杀菌规程用来表示杀菌操作的全过程，主要包括杀菌温度、杀菌时间和反压力三项因素。

2.是指罐外大气压与罐内残留气体压力的差值。

二、填空

1.热力杀菌

2.大气压强、罐内残留气体压力、26.7～40

三、选择

1.B 2.D

四、简答

1.简述手工去皮的优缺点。

答：手工去皮是应用特别的刀、刨等工具人工削皮，应用较广，去皮干净，损失率少，同时可完成修整、去心、去核、切分等操作，在果蔬原料质量不一致的条件下更显示其优势，但费工、费时，生产效率低、大量生产时困难较多。

2. 简述碱液去皮的优缺点。

答：利用碱液的腐蚀性使中胶层溶解，从而使皮肉分离，而果肉组织的薄壁细胞对碱液腐蚀性的耐受力较强。

任务四

一、填空

装罐前、装罐密封后、杀菌处理、无菌环境下

二、选择

1. C　2. C

三、简答

1. 简述果蔬罐头冷却的意义、方法。

答：避免色泽、风味变劣、组织软烂，避免嗜热性级生物繁殖，减轻罐内壁腐蚀。

2. 简述影响罐头杀菌效果的因素。

答：(1)食品微生物的种类和数量；芽孢数量越多杀菌时间越长。(2)食品的性质和化学成分，酸性食品相对杀菌时比较容易。(3)杀菌时罐头传热的方式和传热的速度，一般罐内如是液体食品则对流传热速度较快。(4)杀菌地点的海拔高度等。

实训项目七

任务一

一、名词解释

1. 将单糖和双糖分解生成乳酸而不产生气体和其他产物的乳酸发酵。

2. 蔬菜腌制过程中乳酸发酵除了产生乳酸外，还产生琥珀酸、乙醇、二氧化碳、氢气等。

二、填空

1. 选择合适腌制剂、降低体系的黏度、提高温度、提高溶质浓度和降低被腌制物的厚度

2. 酸性

3. 10 cm

三、选择

1.D 2.C

四、简答

1.腌渍的食盐要求是什么？

答：食盐要求质纯而少杂质，含氯化钠应在98%以上，无可见的外来杂物，颜色洁白，无苦涩味，无异味。不应含过多的硫酸镁和硫酸钠，否则会导致苦味。

2.泡菜制作过程中坛沿水有哪些注意点？

答：① 坛沿水要清洁卫生，由于坛内发酵后会出现一定的真空度，即坛内压力小于坛外压力，坛沿水可能倒灌入坛内，如果坛沿水不清洁，就会带进杂菌，使泡菜受到污染，可能导致整坛泡菜烂掉。

② 坛沿水还要注意经常更换，换水不要揭开坛盖，一小股清水冲洗，直到旧的坛沿水完全被冲洗掉。

③ 发酵其中，揭盖一到两次，使坛内外压力保持平衡，避免坛沿水倒灌。

3.如何提高蔬菜腌制品的质量？

答：①选用新鲜的蔬菜作为原料，加工前洗涤干净。②腌制时用盐要适当。③控制酸度，温度，气体成分。④注意卫生条件等。

任务二

一、名词解释

1.是指在蔬菜腌制时所用食盐浓度较大，腌制过程中的发酵作用不显著。其产品的含酸量很低，但含盐量较高，通常感觉不出产品有酸味。

2.是在蔬菜腌制时用盐量较少或不用盐，腌制过程中主要以乳酸发酵为主，同时还伴随有微弱的酒精发酵与醋酸发酵。其产品一般都具有明显的酸味。

二、填空

1.硬水 2.钙盐、0.05% 3.26～30℃

三、选择

1.C 2.A 3.B

四、简答

1.蔬菜腌制中滋味是如何形成的？

答：(1)蛋白质水解(呈鲜味)

蛋白质在蛋白酶的作用下水解为多肽，再在多肽梅作用下水解为氨基酸，氨基酸本身具有一定的鲜味、甜味、苦味和酸味。如：

鲜味：谷氨酸、天冬氨酸等。

香味：丙氨酸、美拉德反应。

甜味：甘氨酸、组氨酸、丝氨酸等。

(2)发酵作用

①发酵产物本身：乳酸、醋酸、乙醇等(酸味、醇香)。

②化学反应：发酵产物之间、发酵产物与原料及调味辅料之间如酯类(香味)。

(3)原料成分

①呈香物质：芦笋-二甲基硫、丙烯酸；②芥子苷类

(4)佐辅料：糖液、酱汁、辣椒、姜蒜等。

2. 发酵性腌制品和非发酵性腌制品的特点是什么？

答：发酵性腌制品：腌制过程进行强烈的乳酸发酵作用，同时还伴随有轻微的酒精发酵和醋酸发酵，所得到的制品是发酵性腌制品。利用发酵所产生的乳酸与加入的食盐及香料等防腐保藏和增进风味。发酵性腌制品包括泡菜和酸菜。

非发酵性腌制品：采用高盐腌制，腌制过程不产生发酵或只轻微发酵，所得到的制品是非发酵性腌制品。利用高浓度的食盐、糖及其他调味品防腐保藏和增进风味。非发酵性腌制品包括咸菜、酱菜和糖醋菜。

3. 蔬菜腌制工艺中常用保脆剂和保绿剂是什么？

(1)保绿：可在腌制前用沸水漂烫原料，在烫漂液中加入微量的 $NaCO_3$ 或 $NaHCO_3$。实际常用硬度较大的如井水等(硬度 10 以上)清漂就行，等原料吐出泡沫后取出再腌制。(2)保脆剂：一般用菜重的 0.05% 的钙盐，如 $CaCO_3$，$CaCl_2$。

任务三

一、名称解释

是一种应用最普遍的蔬菜加工保藏方法，其主要是利用食盐的保藏作用、有益微生物的发酵作用、蛋白质的分解作用和一些辅料的辅助作用等来抑制腐败菌的生长，在一定时间内保持或提高蔬菜的食用品质和商品品质。

二、填空

1. 酱油、食醋、红糖　2. 低盐、增酸、适甜

3. 盐渍品、酱渍品、糖醋渍、酒糟渍品

三、选择

1. B　2. A　3. A

四、简答

1. 蔬菜腌制过程中，盐主要有哪些作用？

(1)防腐作用，提高原料的渗透压，降低制品的水分活度，破坏酶的作用，对微生物有毒害作用，具有抗氧化作用。

(2)增加食品风味作用。

2. 蔬菜腌制品常出现哪些质量问题？采取何种控制措施？

答：腌制菜发生败坏一般是外观不良，风味变劣，外表发黏长霉，并有异味。造成腌制菜败坏的原因大体可分为生物性败坏、物理性败坏、化学性败坏三种。

对蔬菜腌制品败坏的主要控制途径有：(1)利用食盐；(2)利用酸；(3)利用微生物；(4)利用植物抗生素；(5)利用真空包装和灭菌；(6)利用低温；(7)利用防腐剂；(8)减少腌制前的有害微生物数量；(9)HACCP 体系的应用(综合控制技术)。

3. 影响蔬菜腌制的因素有哪些？

答：(1)食盐的质量和用量；(2)酸度；(3)温度；(4)气体成分；(5)蔬菜原料；(6)香料；(7)卫生条件腌制用水质量

任务四

一、填空

1. 乳酸、酒精发酵、醋酸发酵

2. 发酵初期、发酵中期、发酵末期、谷氨酸钠

3. 发酵性腌制品、非发酵性腌制品

二、选择

1. D　2. A　3. B

三、简答

1. 影响乳酸发酵的主要因素有哪些？

答：(1)食盐浓度；(2)环境温度；(3)发酵液的 pH；(4)空气含量；(5)营养条件。

2. 简述蔬菜腌制的基本原理？

答：(1)食盐的保藏作用；(2)有益微生物的发酵作用；(3)蛋白质的分解作用；(4)香辛料和有机酸的辅助作用。

3. 泡酸类在腌制初期会发现从底部冒出气泡，到后期气泡又会消失，请详细解释这种现象发生的原因？

答：泡酸类在腌制过程中，发生乳酸发酵作用，乳酸发酵分为正型乳酸发酵和异型乳酸发酵。

前期以异型乳酸发酵为主。异型乳酸发酵生成乳酸的同时还产生二氧化碳、氢气等其他气体成分。因此在腌制初期会发现从容器的底部冒出气泡。后期以正型乳酸发酵为主，正型乳酸发酵只产生乳酸。

4. 简述腌制对蔬菜的影响？

答：(1)糖酸比的变化。(2)含氮物质的变化。(3)维生素及水分含量的变化。(4)矿物质、色泽地变化。(5)芳香物质的形成。

实训项目八

任务一

一、名词解释

1. 是指用未添加任何外来物质,直接从新鲜水果或蔬菜中用压榨或其他方法取得的汁液。

二、填空

1. 浸提、压榨

2. 真空脱气法、气体置换法、化学脱气法、酶法脱气法

三、选择

1. A　2. A

四、简答

1. 答:(1)自然澄清法:长时间静置,果胶质逐渐发生缓慢水解,使悬浮物沉淀出来。另外,果汁中的蛋白质和单宁在静置中反应生成沉淀物。

(2)蛋白质-单宁法:单宁与明胶、鱼胶、干酪素等蛋白质,形成明胶单宁酸盐络合物。随着络合物的沉淀,果汁中的悬浮颗粒被包裹和缠绕而随之沉降。

(3)加酶澄清法:该法是在果蔬汁中加入酶制剂来水解果胶质,使果汁中其他胶体失去果胶的保护作用而共聚沉淀,达到澄清目的。

(4)加热凝聚澄清法:果汁中的胶体物质因加热而凝聚沉淀出来。方法是在80～90 sec内将果汁加热到80～82℃,然后在同样短的时间内迅速冷却至室温,使果汁中的蛋白质和胶体物质变性而沉淀析出。

(5)冷冻澄清法:冷冻使胶体浓缩和脱水,这样就改变了胶体的性质,故而在解冻后聚沉。此法特别适用于雾状浑浊的果汁,苹果汁用该法澄清效果特别好。

2. 果蔬汁的特点及种类?

答:果蔬汁是从新鲜的水果、蔬菜中通过压榨或浸提等方法取得的汁液。天然果蔬汁风味好,营养丰富,容易消化。而且食用方便,贮藏期长。是最有前途的保健食品。果蔬汁的分类如下:

①果蔬原汁(浆)。也称天然果汁(浆)。成品原汁(浆)含量100%。果蔬原汁是新鲜果蔬直接榨出的汁液;果蔬原浆是将果肉破碎打成的浆体。天然果汁又有澄清果汁和浑浊果汁之分。

澄清果汁经澄清过滤,除去汁液中的果肉微粒及蛋白质、果胶等,使汁液呈透

明状;浑浊果汁则保留果肉微粒和蛋白质等物质,果汁呈均匀浑浊状。

②浓缩果蔬汁(浆)。由果蔬原汁(浆)经真空浓缩(3~6倍)而成。可溶性固形物达40%~60%或以上。

③果蔬汁糖浆。也称果蔬饮料糖浆。在果蔬原汁(浆)或浓缩汁(浆)中加入白糖、柠檬酸和水等调配而成,原汁(浆)含量>30%,总糖(转化糖计)60%以上,总酸0.9%~2.5%(柠檬酸计)。

④带肉果蔬汁饮料。分磨细型带肉饮料和颗粒型带肉饮料两种。磨细型带肉饮料(也称果茶):果蔬原浆含量≥30%,再加入糖、酸、食用香精、色素、水等配制而成。颗粒型带肉饮料:果蔬原汁含量≥10%,果粒≥5%。

⑤果蔬汁清凉饮料。分为三种:果蔬汁饮料:果蔬原汁(浆)含量≥10%;水果(蔬菜)饮料:果蔬原汁(浆)含量≥5%;果(菜)味饮料:果蔬原汁(浆)含量<5%。

⑥复合果蔬汁饮料:由两种以上果蔬汁混合调配而成。有混合天然果蔬汁、混合果蔬汁饮料、混合果肉饮料等。

任务二

一、名词解释

在蔬菜汁中加入水、糖液、酸味剂等调制而成的可直接饮用的制品。含有两种或两种以上的蔬菜汁称为混合蔬菜汁饮料。

二、填空

1.灌装、密封、杀菌、先杀菌后灌装、无菌灌装

2.硅藻土过滤机、膜分离技术、板框式过滤机

三、选择

1.B　2.C

四、简答

1.简述番茄汁的加工工艺流程?

洗果→修整→破碎→预热→榨汁、加盐或与其他菜汁和调味料配合→脱气→杀菌→装罐→冷却

2.果汁中引起浑浊的物质主要有哪些?如何引起浑浊?

答:果胶和淀粉 。

果胶、淀粉为强水合性亲水胶体,能够裹覆浑浊物颗粒,使之成悬浮状态。

任务三

一、名词解释

将果蔬汁在高温短时或超高温瞬时杀菌,之后趁热灌入已预先消毒的洁净瓶内,趁热密封,之后倒瓶处理,冷却。

二、填空

1. 澄清汁、浑浊汁、浓缩汁

2. 热灌装、冷灌装

三、选择

1. A　2. C

四、简答

1. 加工果蔬汁原料应具有的品种特性？

答：(1)果实出汁率高(2)甜酸适口(3)香气浓郁(4)色彩绚丽(5)营养丰富且在加工过程中保存率高(6)严重影响果蔬汁品质的成分含量低(7)可溶性固形物含量高(8)质地适宜

2. 果蔬制汁前加热处理的作用有哪些？

答：首先，加热使细胞原生质中的蛋白质凝固，改变细胞的通透性，同时果肉软化，果胶部分水解，降低汁液黏度，提高出汁率；其次，抑制多酚氧化酶等的酶活性，不使产品发生变色等不良变化；第三，加热有助于色素溶解和风味物质的溶出；第四，杀死一些微生物。

任务四

一、填空

1. 蔬菜汁、混合蔬菜汁、发酵蔬菜汁

2. 营养互补、功能协调、风味协调

二、选择

1. D　2. C

三、简答

1. 压榨法取汁中，采用哪些办法可以提高出汁量？

答：降低压榨层厚度，加入疏松组织，增加毛细管长度，降低黏度，有利于提高出汁率。

2. 果蔬汁加工中常见的问题？

果蔬汁常见质量问题：①浑浊果汁的稳定性；②澄清果汁的稳定性；③果蔬汁败坏；④柑橘类果汁的苦味与脱苦；⑤绿色果蔬汁的色泽保持。

附录　烘焙工国家职业标准

1. 职业概况

1.1　职业名称

烘焙工。

1.2　职业定义

指专门制作焙烤食品的人员。

1.3　职业等级

本职业共设五个等级，分别为：初级（国家职业资格五级）、中级（国家职业资格四级）、高级（国家职业资格三级）、技师（国家职业资格二级）、高级技师（国家职业资格一级）。

1.4　职业环境条件

室内、常温。

1.5　职业能力特征（附表1）

附表1　职业能力特征

职业能力	非常重要	重要	一般
智力（分析、判断）			√
表达能力		√	
动作协调性		√	
色觉	√		
视觉	√		
嗅觉	√		
味觉	√		
计算能力			√

1.6 基本文化程度

高中毕业(或同等学力)。

1.7 培训要求

1.7.1 培训期限

全日制职业学校教育，根据其培养目标和教学计划确定。晋级培训期限:初级不少于 240 标准学时；中级不少于 300 标准学时；高级不少于 360 标准学时；技师不少于 300 标准学时；高级技师不少于 250 标准学时。

1.7.2 培训教师

培训初级、中级的教师应具有本职业高级及以上职业资格证书；培训高级的教师应具有本职业技师及以上职业资格证书；培训技师的教师应具有本职业高级技师职业资格证书 2 年或相关专业中级以上专业技术职务任职资格;培训高级技师的教师应具有本职业高级技师职业资格证书 3 年以上或相关专业高级专业技术职务任职资格。

1.7.3 培训场地与设备

理论知识培训在标准教室进行；技能操作培训在具有相应的设备和工具的场所进行。

1.8 鉴定要求

1.8.1 适用对象

从事或准备从事本职业的人员。

1.8.2 申报条件

——初级(具备以下条件之一者)

(1) 经本职业初级正规培训达规定标准学时数，并取得结业证书。

(2) 在本职业连续见习工作 2 年以上。

(3) 本职业学徒期满。

——中级(具备以下条件之一者)

(1) 取得本职业初级职业资格证书后，连续从事本职业工作 3 年以上，经本职业中级正规培训达规定标准学时数，并取得结业证书。

(2) 取得本职业初级职业资格证书后，连续从事本职业工作 5 年以上。

(3) 连续从事本职业工作 6 年以上。

(4) 取得经劳动行政部门审核认定的，以中级技能为培养目标的中等以上职业学校本职业毕业证书。

——高级(具备以下条件之一者)

(1) 取得本职业中级职业资格证书后，连续从事本职业工作 4 年以上，经本职业高级正规培训达规定标准学时数，并取得结业证书。

(2) 取得本职业中级职业资格证书后，连续从事本职业工作 7 年以上。

(3) 取得高级技工学校或经劳动行政部门审核认定，以高级技能为培养目标的高等职业学校本职业毕业证书。

(4) 取得本职业中级职业资格证书的大专本职业或相关专业毕业生，连续从事本职业工作 2 年以上。

——技师

(1) 取得本职业高级职业资格证书后，连续从事本职业工作 5 年以上，经本职业正规技师培训达规定标准学时数，并取得结业证书。

(2) 取得本职业高级职业资格证书后，连续从事本职业工作 8 年以上。

(3) 取得本职业高级职业资格证书的高级技工学校本职业（专业）毕业生，连续从事本职业工作满 2 年。

——高级技师

(1) 取得本职业技师职业资格证书后，连续从事本职业工作 3 年以上，经本职业正规高级技师培训达规定标准学时数，并取得结业证书。

(2) 取得本职业技师职业资格证书后，连续从事本职业工作 5 年以上。

1.8.3 鉴定方式

分为理论知识考试和技能操作考核。理论知识考试采用闭卷笔试方式，技能操作考核采用现场实际操作方式。理论知识考试和技能操作考核均实行百分制，成绩皆达 60 分及以上者为合格。技师、高级技师还需进行综合评审。

1.8.4 考评人员与考生配比

理论知识考试考评员配比为 1∶15，每个标准教师不少于 2 名考评员；技能操作考核考评人员考生配比为 1∶5，且不少于 3 名考评员；综合评审委员不少于 5 人。

1.8.5 鉴定时间

理论知识考试为 90 min。技能操作考核时间为：面包在 480 min 以内；中点在 240 min 以内；西点在 120 min 以内。综合评审时间不少于 30 min。

1.8.6 鉴定场所设备

理论知识考试在标准教室里进行；技能操作考核在具有相应的制作用具和中小型生产设备的场所进行。

2. 基本要求

2.1 职业道德

2.1.1 职业道德基本知识

2.1.2 职业守则

(1) 自觉遵守国家法律、法规和有关规章制度,遵守劳动纪律。

(2) 爱岗敬业,爱厂如家,爱护厂房、工具、设备。

(3) 刻苦钻研业务,努力学习新知识、新技术,具有开拓创新精神。

(4) 工作认真负责、周到细致、踏实肯干、吃苦耐劳、兢兢业业,做到安全、文明生产,具有奉献精神。

(5) 严于律己,诚实可信,平等待人,尊师爱徒,团结协作,艰苦朴素;举止大方得体,态度诚恳。

2.2 基础知识

2.2.1 焙烤食品常识

(1) 焙烤食品的起源与发展历史。

(2) 焙烤食品的分类。

(3) 焙烤食品的营养价值。

(4) 焙烤食品加工业的发展方向。

2.2.2 原材料基本知识

2.2.3 面包加工工艺基本知识

2.2.4 中点加工工艺基本知识

2.2.5 西点加工工艺基本知识

2.2.6 相关法律、法规知识

(1) 知识产权法的相关知识。

(2) 消费者权益保护法的相关知识。

(3) 价格法的相关知识。

(4) 食品卫生法的相关知识。

(5) 环境保护法的相关知识。

(6) 劳动法的相关知识。

3. 工作要求

本标准对初级、中级、高级、技师和高级技师的技能要求依次递进,高级别包括低级别的要求。

3.1 初级(附表2)

附表 2　初级技能要求

职业功能	工作内容	技能要求	相关知识
一、准备工作	(一) 清洁卫生	能进行车间、工器具、操作台的卫生清洁、消毒工作	食品卫生基础知识
	(二) 备料	能识别原辅料	原辅料知识
	(三) 检查工器具	能检查工器具是否完备	工器具常识
二、面团、面糊调制与发酵	(一) 配料	(1) 能读懂产品配方 (2) 能按产品配方准确称料	(1) 配方表示方法 (2) 配料常识
	(二) 搅拌	能根据产品配方和工艺要求调制 1～2 种面团或面糊	搅拌注意事项
	(三) 面团控制	(1) 能使用 1 种发酵工艺进行发酵 (2) 能使用 1 类非发酵面团(糊) 的控制方法进行松弛、醒面	(1) 发酵工艺常识 (2) 不同非发酵面团(糊) 的工艺要求 (松弛、醒面、时间、温度)
三、整形与醒发	(一) 面团分割称重	能按品种要求分割和称量	度量衡器、工具的使用方法
	(二) 整形	能运用 2 种成型方法进行整形	不同整形工具、模具的选用及处理
	(三)醒发	能按 1 类面包的工艺要求进行醒发	醒发一般知识
四、烘烤	烘烤条件设定	能按工艺要求烘烤相应的 1 个品种	(1) 烤炉的分类 (2) 常用烘烤工艺要求 (3) 烤炉的操作方法
五、装饰	(一) 装饰材料的准备	能准备单一的装饰材料	装饰材料调制的基本方法(糖粉、果仁、籽仁、果酱、水果罐头)
	(二) 装饰材料的使用	能用单一材料在产品表面进行简单装饰	装饰器具的使用常识

续附表 2

职业功能	工作内容	技能要求	相关知识
六、冷却	(一) 冷却	能按冷却规程进行一般性操作	(1) 冷却常识 (2) 产品冷却程度和保质的关系 (3) 冷却场所、包装工器具及操作人员的卫生要求
	(二) 包装	能按包装规程进行一般包装操作	(1) 食品包装基本知识 (2) 操作人员、包装间、工器具的卫生要求
七、贮存	原材料贮存	能按贮存要求进行简单操作	(1) 原辅料的贮存常识 (2) 原辅料国家、行业标准

3.2 中级(附表 3)

附表 3 中级技能要求

职业功能	工作内容	技能要求	相关知识
一、准备工作	(一) 清洁卫生	能发现并解决卫生问题	操作场所卫生要求
	(二) 备料	能进行原辅料预处理	不同原辅料处理知识
	(三) 检查工器具	检查设备运行是否正常	不同设备操作常识
二、面团、面糊调制与发酵	(一) 配料	能按产品配方计算出原辅料实际用量	计算原辅料的方法
	(二) 搅拌	(1) 能根据产品配方和工艺要求调制 3～4 种面团或面糊 (2) 能解决搅拌过程中出现的一般问题	搅拌注意事项
	(三) 面团控制	(1) 能使用 3 种发酵工艺进行发酵 (2) 能使用 3 类非发酵面团的控制方法进行控制	不同非发酵面团（糊）相应的工艺要求（松弛、时间、温度）

续附表 3

职业功能	工作内容	技能要求	相关知识
三、整形与醒发	（一）面团分割称重	能按不同产品要求在一定的条件和规定时间内完成分割和称量	(1) 计算单位及换算知识 (2) 温度、时间对不同面团分割的工艺要求
	（二）整形	(1) 能使用 4 种成型方法进行整形 (2) 能根据不同产品特点进行整形	整形设备的知识
	（三）醒发	能按主食面包的工艺要求醒发 3 个品种	(1) 主食面包的概念及分类 (2) 吐司面包、硬式面包、脆皮面包的醒发要求 (3) 吐司面包原料的基本要求
四、烘烤	烘烤条件设定	(1) 能按工艺要求烘烤相应的 3 类产品 (2) 能按不同产品的特点控制烘烤过程	(1) 中点 松酥类、蛋糕类、一般酥皮类产品知识 (2) 西点 混酥类、蛋糕类、曲奇类产品知识
五、装饰	（一）装饰材料的准备	能调制多种装饰材料	(1) 装饰料的调制原理 (2) 装饰料的调制方法 (3) 蛋白膏、奶油膏、蛋黄酱的知识
	（二）装饰材料的使用	能用调制的多种装饰材料对产品表面进行装饰	(1) 美学基础知识 (2) 装饰的基本方法
六、冷却与包装	（一）冷却	(1) 能正确使用冷却装置 (2) 能控制产品冷却时间及冷却完成时的内部温度	(1) 冷却基本常识 (2) 产品中心温度测试方法
	（二）包装	能根据产品特点选择相应的包装方法	(1) 包装材料的分类知识 (2) 包装方法的分类知识
七、贮存	原材料贮存	(1) 能将原辅料分类贮存 (2) 能根据原辅料的贮存期限进行贮存	(1) 原辅料的分类 (2) 食品卫生知识

3.3 高级(附表 4)

附表 4 高级技能要求

职业功能	工作内容	技能要求	相关知识
一、面团、面糊调制与发	(一) 搅拌	(1) 能根据产品配方和工艺要求调制 5～7 种面团或面糊 (2) 能发现和解决搅拌过程中出现的问题	搅拌常见问题的解决方法
	(二) 面团控制	(1) 能使用 4 种发酵工艺进行发酵 (2) 能使用 4 类非发酵面团的控制方法进行控制	(1) 发酵原理与工艺 (2) 不同非发酵面团(糊)相应的工艺要求(松弛、时间、温度) (3) 松弛原理与应用知识
二、整形与醒发	(一) 整形	能运用各种整形方法进行整形	整形工艺方法和要求
	(二)醒发	能按花式面包的工艺要求醒发 4 个品种	(1) 花式面包的概念及分类 (2) 馅面包、丹麦面包、象形面包、营养保健面包的醒发要求
三、烘烤	烘烤条件设定	(1) 能按工艺要求烘烤相应的 4 类产品 (2) 能处理操作中出现的问题	(1) 中点 浆皮类、水油皮类、酥层类、熟粉类产品知识 (2) 西点 戚风蛋糕、泡芙类、一般起酥类产品知识
四、装饰	(一) 装饰材料的准备	能调制特色装饰材料	(1) 巧克力成分、分类及性能知识 (2) 巧克力的调制原理及制作方法 (3) 奶油胶冻(白马糖、风糖)的调制原理及方法
	(二) 装饰材料的使用	能使用巧克力和奶油胶冻装饰一组不同特色的点心	工艺美术基本知识
五、冷却与包装	(一) 冷却	(1) 能控制产品冷却场所的温度、湿度、空气流速等技术参数和卫生条件 (2) 能正确选择和使用冷却装置	(1) 冷却装置的类型 (2) 冷却产品方法

续附表 4

职业功能	工作内容	技能要求	相关知识
五、冷却与包装	(二) 包装	(1) 能合理使用食品包装材料进行包装 (2) 能解决包装中出现的技术、质量问题	包装机器的使用方法
六、质量鉴定	产品鉴定	能运用感官质量检验方法对产品进行质量鉴定	产品质量标准
七、贮存	原材料贮存	(1) 能根据原辅料的理化特性确定适当的贮存条件、期限和场所 (2) 能解决贮存中出现的各种问题	(1) 原辅料的理化特性 (2) 原辅料贮存场所环境、条件的控制知识 (3) 食品冷冻、冷藏知识 (4) 食品腐烂变质及老化原理

3.4 技师(附表 5)

附表 5 技师技能要求

职业功能	工作内容	技能要求	相关知识
一、面团、面糊调制与发酵	(一) 搅拌	能根据产品配方和工艺要求调制 15 种不同品类的面团或面糊	不同面团、面糊搅拌的工艺要求
	(二) 面团控制	(1) 能按各种发酵工艺进行发酵 (2) 能对各类非发酵面团进行控制	(1) 发酵原理与工艺 (2) 不同非发酵面团(糊) 相应的工艺要求(松弛、时间、温度)
二、整形与醒发	(一) 整形	能进行各类面包的整形	烤盘容积与装盘数量的关系
	(二)醒发	能醒发各类面包	(1) 各类面包的醒发要求及方法 (2) 醒发室的设计要求 (3) 特殊条件下的醒发要求

续附表 5

职业功能	工作内容	技能要求	相关知识
三、烘烤	烘烤条件设定	(1) 能按工艺要求烘烤相应的各类产品 (2) 能及时发现和解决烘烤过程中出现的各种问题	(1) 中点 酥皮类、发类、熟粉类的烘烤条件 (2) 西点 起酥类、发酵类的烘烤条件
四、装饰	(一) 装饰材料的准备	(1) 能调制各种装饰材料 (2) 能应用新型装饰材料	各种装饰材料的准备知识
	(二) 装饰材料的使用	能使用各种装饰材料装饰突出主题的艺术性产品	装饰图案设计构思方法
五、冷却与包装	(一) 冷却	能及时处理冷却过程中出现的各种质量问题	(1) 产品冷却基本原理 (2) 产品冷却工艺要求
	(二) 包装	(1) 能运用现代包装技术 (2) 能选用现代包装机械	现代包装技术
六、质量鉴定	产品鉴定	能运用感官质量检验方法和理化分析方法对产品质量进行综合鉴定和分析，并提出改进性意见	食品色、香、味、形的知识
七、成本核算	原料成本核算	(1) 能计算原料的净料费 (2) 能计算产品的直接成本 (3) 生产过程中能有效地控制直接成本 (4) 能控制废品率	(1)净料费的知识 (2) 直接成本知识 (3) 废品率的知识 (4) 原料损耗率的计算方法 (5) 直接成本计算公式
八、培训与管理	(一) 培训与指导	(1) 能对低级别烘焙工进行技能指导与培训 (2) 能编写本专业培训教材	(1) 培训方式与方法 (2) 教材编写知识
	(二) 管理	(1) 能根据配方下达统一规格的投料单 (2) 能监督检查生产人员对投料单的执行情况，并及时解决有关问题 (3) 能指导生产人员防止食品卫生污染 (4) 能根据原料和产品特性防止产品腐烂变质 (5) 能对工器具、生产设备进行卫生管理	(1) 投料单的计算方法 (2) 生产管理基本知识 (3) 质量控制点的确定原则 (4) 技术规程知识 (5) 原料保管知识 (6) 工器具、设备卫生管理要求

3.5 高级技师(附表6)

附表6 高级技师技能要求

职业功能	工作内容	技能要求	相关知识
一、烘烤	烘烤条件设定	(1) 能按特色产品的特点进行烘烤 (2) 能在特殊条件下烘烤产品	烘烤条件设定的知识
二、装饰	装饰材料的使用	能对产品进行高难度装饰	装饰图案构思、设计方法
三、冷却	冷却	能独立设计产品冷却线	(1) 产品冷却线的设计原理 (2) 产品冷却线的安装和调试方法
四、质量鉴定	产品鉴定	能运用先进的卫生分析方法,对产品质量进行综合鉴定和分析,能指出在产品配方、操作工艺和生产设备方面存在的问题提出改进意见,并进行改进技术指导	(1) 计算机应用知识 (2) 统计学常识 (3) 感官分析常用方法
五、成本核算	原料成本核算	(1) 能够降低成本 (2) 能控制每个产品的内控毛利率	(1) 产品成本核算的原则 (2) 产品成本核算的方法 (3) 产品毛利率的核算方法
六、产品开发与技术创新	开发与创新	(1) 能根据市场需求进行调查分析并独立设计产品配方,开发产品 (2) 能使用新材料、新工艺、新设备、新技术研制开发新产品 (3) 能对原有工艺方法进行革新,并对旧设备提出改进建议	(1) 市场调查分析预测知识 (2) 国内外原辅料工艺特性知识 (3) 新工艺、新品种的推广应用知识 (4) 专业外语词汇(原辅料、工具设备)
七、培训管理	(一) 培训与指导	能参与系统的专业技术培训	培训方案制定的知识
	(二) 管理	(1) 能全面、合理地组织安排生产 (2) 能及时解决和协调生产过程中出现的问题 (3) 能对产品质量进行鉴定 (4) 能按照质量要求进行现场生产的监督和管理 (5) 能编写技术资料及相关图表	(1) 良好操作规范(GMP) 知识 (2) 生产管理知识 (3) 设备布局规划、设置原则 (4) 危害分析及关键控制点(HACCP) 知识

4. 比重表

4.1　理论知识(附表7)

附表7　理论知识比重

%

项目		工作内容	初级	中级	高级	技师	高级技师
基本知识		职业道德	5	5	5	5	5
		基础知识	25	20	15	10	5
相关知识	准备工作	清洁卫生	6	5	—	—	—
		备料	5	8	—	—	—
		检查工器具	5	8	—	—	—
	面团、面糊调制与发酵	配料	2	5	—	—	—
		搅拌	5	5	8	5	—
		面团控制	5	5	8	8	—
	整形与醒发	面团分割称量	5	5	—	—	—
		整形	5	2	10	8	—
		醒发	5	2	10	8	—
	烘烤	烘烤条件设定	2	5	10	12	15
	装饰	装饰材料的准备	5	6	7	2	—
		装饰材料的使用	5	6	7	5	15
	冷却与包装	冷却	5	5	5	5	—
		包装	5	3	5	5	—
	贮存	原材料贮存	5	5	5	—	—
	质量鉴定	产品鉴定	—	—	5	8	10
	成本核算	原料成本核算	—	—	—	5	10
	冷却	冷却	—	—	—	—	10
	培训与管理	培训与指导	—	—	—	7	10
		管理	—	—	—	7	10
	产品开发与技术创新	开发与创新	—	—	—	—	10
	合计		100	100	100	100	100

4.2　技能操作(附表 8)

附表 8　技能操作比重

%

项目		工作内容	初级	中级	高级	技师	高级技师
相关知识	准备工作	清洁卫生	8	6	—	—	—
		备料	8	6	—	—	—
		检查工器具	8	6	—	—	
	面团、面糊调制与发酵	配料	6	8	—	—	—
		搅拌	10	6	5	5	—
		面团控制	6	8	10	10	—
	整形与醒发	面团分割称量	6	6	—	—	—
		整形	6	8	15	10	—
		醒发	6	8	10	10	—
	烘烤	烘烤条件设定	6.	8	15	15	15
	装饰	装饰材料的准备	6	6	5	2	
		装饰材料的使用	6	6	10	10	5
	冷却与包装	冷却	6	6	6	5	—
		包装	6	6	8	2	—
	贮存	原材料贮存	6	6	8	—	—
	质量鉴定	产品鉴定	—	—	8	10	15
	成本核算	原料成本核算	—	—	—	5	10
	冷却	冷却	—	—	—	—	10
	培训与管理	培训与指导	—	—	—	8	15
		管理	—	—	—	8	15
	产品开发与技术创新	开发与创新	—	—	—	—	15
	合计		100	100	100	100	100

参考文献

[1] 蔡晓雯,庞彩霞,谢建华.焙烤食品加工技术.北京:科学出版社,2014.

[2] 朱珠.焙烤食品加工技能综合实训.北京:化学工业出版社,2008.

[3] 李里特.焙烤食品工艺学.北京:中国轻工业出版社,2002.

[4] 劳动和社会保障部.烘焙工.北京:中国轻工业出版社,2005.

[5] 朱维军,陈月英.果蔬贮藏保鲜与加工.北京:高等教育出版社,2010.

[6] 田世平.果蔬产品产后贮藏加工与包装技术指南.北京:中国农业出版社,2000.

[7] 牟曾荣,刘世雄.酱腌菜加工工艺与配方.北京:科学技术文献出版社,2001.

[8] 江建军.罐头生产技术.北京:中国轻工业出版社,2006.